知识生产的原创基地

BASE FOR ORIGINAL CREATIVE CONTENT

颉腾文化

JIE TENG CULTURE

*The Art of Thinking*

*A Guide to Critical and Creative Thought*（*Eleventh Edtion*）

# 学会思考

## （第11版）

[美] 文森特 · 赖安 · 拉吉罗（Vincent Ryan Ruggiero）◎著
武宏志　张志敏　武晓蓓◎译

浙江教育出版社 · 杭州

**图书在版编目（CIP）数据**

学会思考 / (美) 文森特·赖安·拉吉罗 (Vincent Ryan Ruggiero) 著 ; 武宏志, 张志敏, 武晓蓓译. -- 杭州 : 浙江教育出版社, 2025.1
ISBN 978-7-5722-7927-0

Ⅰ. ①学… Ⅱ. ①文… ②武… ③张… ④武… Ⅲ. ①思维方法—通俗读物 Ⅳ. ①B804-49

中国国家版本馆 CIP 数据核字(2024)第 100837 号



浙江省版权局著作权合同登记号 图字：11-2024-089 号

# 学会思考
XUEHUI SIKAO

[美] 文森特·赖安·拉吉罗（Vincent Ryan Ruggiero）著　武宏志 张志敏 武晓蓓 译

**责任编辑** 赵清刚
**美术编辑** 韩　波
**责任校对** 马立改
**责任印务** 时小娟
**出版发行** 浙江教育出版社
地址：杭州市环城北路 177 号
邮编：310005
电话：0571-88900883
**印　　刷** 文畅阁印刷有限公司
**开　　本** 880mm × 1230mm　1/32
**成品尺寸** 147mm × 210mm
**印　　张** 9.375
**字　　数** 219 千字
**版　　次** 2025 年 1 月第 1 版
**印　　次** 2025 年 1 月第 1 次印刷
**标准书号** ISBN 978-7-5722-7927-0
**定　　价** 79.00 元

献给我所有的孩子，带着超越时间和烦恼的爱思考是一门技术，它有自己的目的、标准、原理、规则、策略和注意事项。它是值得学习的艺术，因为我们所做的每一件重要事情都受思维习惯的影响。

# 译者序

PREFACE

《学会思考》是批判性思维教育运动的先驱文森特·赖安·拉吉罗教授的代表作，自 1984 年首次出版至今，已历经 11 个版本，深受全球读者喜爱，包括在中国的广泛阅读。拉吉罗的这部作品不仅在美国教育改革中占有一席之地，更在世界范围内影响了无数人的思维模式。

拉吉罗的《学会思考》在众多思维教科书中独树一帜，它不仅涵盖了批判性思维，更将创造性思维与批判性思维紧密结合，形成了一种独特的思维教学方法。这种结合反映了 20 世纪 80 年代批判性思维教育的发展趋势，即从由逻辑、论辩和推理理论主导，转向更加注重情感、直觉、想象和创造性的第二波发展。

在《学会思考》中，拉吉罗特别强调了批判性思维的重要性。他通过书中的结构安排——创造性思维在前，批判性思维在后——体现了解决问题的两大阶段：生成思想与评估思想。同时，他也指出，批判性思维在问题解决中扮演着核心角色。这一点在他的其他著作中也得到了体现，如《批判地思考伦理议题》和

《超越感觉：批判性思考指南》等。

拉吉罗的个人经历丰富多彩，他曾是社会个案工作者、工业工程师，后来成为一名教授和作家。他的工业工程师背景让他深刻理解了审慎思维在商业生产力和个人生产力中的重要性。作为一名教授，他致力于教会学生如何提出问题、寻找和评估答案、做出深思熟虑的判断，并将他们的想法与专家的想法进行比较。

《学会思考》的结构体系反映了真实的问题解决和争议分析的发生顺序，这是其最突出的特点。拉吉罗将“双 C”（创造性思维技能和批判性思维技能）融合在一起，全面阐述了思考的方法、技能和可操作程序。这种整体思路与罗伯特•H. 恩尼斯的批判性思维定义相契合，即批判性思维是聚焦于应该信什么或做什么的合理反省性思维。

拉吉罗在书中还探讨了批判性思维在伦理争议中的应用，提出道德判断需要基于深入的分析和理性的思考。此外，他还强调了批判性思维对于个人和社会的重要性，尤其是在面对日益增长的信息量和不断变化的社会环境时。

本书是由延安大学 21 世纪新逻辑研究院的批判性思维研究者完成，翻译团队由武宏志、张志敏和武晓蓓组成。武宏志译第 2、7、8、10、11、12、13 章，张志敏译目录、前言、第 1、3、4、5、6、9 章，武晓蓓译第 14 和 15 章、“热身练习”“应用”“问题范例的解决办法”[①]，以及致谢。最后武宏志校订了译稿全文。他们在翻译过程中力求忠实于原文，同时考虑到中文读者的阅读习惯，使得译本既保留了原作的精髓，又易于中文读者理解。

① 可以通过扫描本书封面前勒口中的二维码，发送关键词“学会思考”获取下载资源。

# 前言
PREFACE

在 20 世纪的大部分时间里，教育界普遍存在这样一种认知，即学生通过学习某些学科（尤其是数学和科学）就能学会思考，因此批判性思维技能的正规教学并无必要。然而，近来钟摆摆到了另一边：思维技能的重要性，以及在中学和大学阶段正式教授这些技能的需求，普遍得到了认可。实际上，当今各大教育学会已经加入进一步重视批判性思维的呼声中。教育家、政治家、社会学家和其他各个领域的学者都明白，我们被各种诉求不停轰炸——语言和图像，试图说服我们去相信、去行动、去消费、去参与。我们都需要用于理解和分析这些诉求的批判性思维技能和策略。

本书既可用于正式的思维课程，也可以作为广大读者提升思维能力的大众读物。

## 第 11 版新在哪里

第 11 版对全书做了更新和修改，以保证所有内容具有时效性和吸引力，重点是带来了一种新鲜又流行的视角，还增加了许多符合当下的练习和应用材料。

## 第 11 版未变之处

与《学会思考》的其他版本一样，下面的 4 个前提继续支撑第 11 版的内容和结构。

**1. 一本关于思考的书应该强调要做什么，而不是要避免做什么。**思考不是象牙塔里的事业，它需用于实践。它是主动的、动态的，而不是被动的、静态的。高效的思考者并非自己什么都不做，只对别人做的事指指点点；他们解决问题、做出决定、对争议表明立场。教授思考技能时聚焦于谬误，与教授音乐时聚焦于避免走调一样不会成功。

**2. 一本关于思考的书应该教会读者掌握思考的原则和技巧。**过去半个世纪里发表的大量文献表明，创造过程与批判过程相互交织：我们首先（或多或少创造性地）生成想法，然后进行判断。给读者现成的问题或争议远远不够，他们必须学会自己提出问题或争议。

**3. 一本关于思考的书应该教会读者评估自己的想法与他人的想法。**人类很擅长自我欺骗。因此，让读者看到自己的盲点、偏见和错误要比看到别人的困难得多。然而正是他们自身的弱点和错误对他们的有效思考制造了最大障碍。

**4. 一本关于思考的书应该教会读者说服他人。**许多绝妙的想法从未付诸实践，只不过因为原创者假定，别人不必得到帮助就能识别其卓越之处。读者需要学会在自己的想法被反对之前，如何预见并解决这一问题。

《学会思考》依据这些先决条件，为促进思考技能和策略而设计。

- 章节的编排尽可能按真实的问题解决和争议分析的发生顺序来呈现。例如，表达问题或争议（第 7 章）之后是调查问题或争议（第 8 章）、生成创意（第 9 章）、改进问题的解决方案（第 11 章）。
- 第二部分“创造性思维”直接解答了最让读者困惑并阻碍他们思考的疑问。这些疑问包括“解决问题时，我如何更有想象力，更有创意？”“当我处于‘思维堵塞’时，当我混淆时，当我落入同类问题解决方案的俗套时，我该怎么办？”，以及“洞见是如何出现的？我能做些什么去激发它？”。
- 第 1 章中题为“让讨论富有意义”这一特别的部分提供了课堂讨论的指导方法。
- 第 8 章详细阐述了如何快速、有效、创造性地在图书馆内外调查问题或争议，包括对 11 种信息源（“调查什么”）的描述、如何使用互联网、如何避免剽窃等。
- 第 14、15 两章帮助读者说服他人且有效地表达自己的思想。尽管一本探讨思考的书太多地关注写作和演讲似乎有点不合适，但当你的想法无论通过什么媒介被传播或贯彻时，语言表达的质量都能决定成败。我们用这种方法帮助读者：加深他们对思想和语言表达的互补关系的认识，以及二者相得益彰、共同提高的重要性。

- 每章有简短的“热身练习”和较长的“应用”实践练习。也许这些练习看起来很无聊，但正如爱因斯坦所说的，“游戏心态是产生式思维的基本特征”（见第 5 章中“创造型人才的特点”）。以我的经验，“热身练习”有助于营造更加轻松的氛围，读者在这种氛围中能展开想象，甚至表现出大胆冒险的行为也不觉得尴尬。读者的自信心因此得到提高，他们就有可能继续进入更加“严肃”的“应用”练习环节。

# 目录
CONTENTS

# 第一部分

# 了解思考

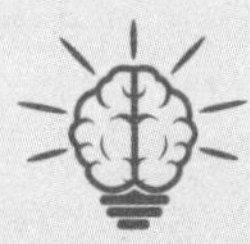

哲学家亚瑟·叔本华（Arthur Schopenhauer）说：“每个人都把自己视野的极限看作世界的极限。”当然，一个人的视野越宽广，他对日常经验的理解就越深刻、越准确。

这部分将拓宽你对思考过程的理解，澄清真理、知识和意见等重要且经常被错误理解的概念，识别破坏思考的坏习惯，向你阐明如何成为一个更具批判性的读者。

# 第1章 培养你的思考能力

思考是一种自发进行、无须刻意努力的活动，还是我们可以主动引导的活动？白日梦是一种思考活动吗？感觉能有效代替思考吗？优秀思考者会与普通思考者一样经历心理障碍、注意力涣散和混淆吗？思考技能是习得的，还是天生的？

在本章，你将找到这些疑问的答案与其他基本事实，它们能使你自信地使用本书。

克劳德是一名高中生。他的英语老师要求班上同学说出家庭作业要读的短篇故事的主题。无人回答时，老师提醒他们："同学们，你们只是没有思考。赶紧思考吧。"

克劳德拧着鼻子，皱着眉头，挠着下巴，瞪着天花板。"思考，思考，我要思考。那个故事的主题是什么？主题，主题，主题会是什么？"他朝左看看，朝右看看，噘起嘴巴，然后自觉伸手，打开书，开始翻页，好像在书里寻找什么。他的大脑一直都在重复，"思考……思考……主题……"。

克劳德在思考吗？不，他在试图、期望思考，但不是真正在思考。他的大脑马达在飞转，却是在空转。他准备好要思考了，但思考尚未启动。

让我们看另一个例子。阿加莎，一个大学生，正坐在校园的自助餐厅里喝着咖啡。从外表看，她不仅在思考，而且完全沉浸其中。下面是她头脑里正在发生的事情：

> 今天要做的事太多了……下午6点记着见吉姆……要开始写学期论文了……贝尔莎太邋遢了——希望这学期她能有时间打扫宿舍里她自己的地方……我的头发看起来太糟了——把头发弄成像玛莎那样就好了，看起来齐整，又不用

费心打理……冬天要是结束的话，我就不会这样沮丧了——为什么我如此受制于天气？……咖啡太苦了——你会认为这里的工作人员起码会冲一杯可口的咖啡……我迫不及待要回家再吃一顿像样的饭了……想知道体重增加了多少，慢跑也许是减肥的良方……

阿加莎的心智行为比克劳德的更接近思考。想法、意象和观念在她的脑海里到处漂浮，她在忠实地观看它们随意漂过。但她是被动的，对脑海里的活动来说，她只是个旁观者。不过，我们在本书里看到的（也如大部分权威人士看到的）思考，要比漫无目的的白日梦更有实质内容。

## 什么是思考

什么是思考呢？首先，它是有目的的心智活动，我们对这些活动进行某种控制。控制是个关键词。正如坐在汽车驾驶座上，只有当我们手握方向盘、控制车的运行时，驾驶才会发生。因此，只有在我们的指挥下，我们的心智活动才成为思考。

当然，如同旅行一样，思考有许多不同的目的。我们可能是在出差旅行，或者是在没有具体目的、惬意地在乡间自驾游。同样，我们可能在不同的条件下以不同的方式去驾驶。我们可能行驶在黑暗中，或者在光明中，速度或慢或快，转对了弯或转错了弯，到达了我们期望的目的地或未到达我们期望的目的地，或者发现我们在途中彻底迷了路。但不管怎样，只要我们在驾驭我们的头脑，我们就在思考。

这并不意味着思考必须始终是有意识的。潜意识也参与有目的的心理活动，其证据是压倒性的。最引人注目的事实是，当我们不再处理一个问题，转而从事其他活动时，我们经常会有洞见。（我们将在第 9 章中看到这种现象的一些例子。）

脑子里有了这些重要考虑，我们就能尝试给思考下一个更加正式的定义：思考是任何能够帮助明确表达或解决问题、做决定，或者实现理解愿望的心智活动。它是在寻找答案和寻求意义。无数心智活动都包含在思考的过程中，其中重要的有仔细观察、记忆、感到疑惑、想象、探询、解释、评估和判断。这些活动常常几个组合在一起，就像我们解决一个问题或做一个决定时那样。例如，我们可以识别一个想法或者困境，然后处理它——比如，通过提问、解释和分析——最终得出结论或者做出决定。

有许多阐释思维本质的尝试。其中一种最流行的观念认为，思考完全是言语的，但现在这种观念基本上不足信了。根据这一理论，我们思考时，会在脑海里组织语言或者自言自语。假如这是事实的话，爱因斯坦就不能被看成是一个思想家。他的思考包含的图像比语言多。当代权威人士的一致意见是，我们脑海里思想所采取的形式通常是言语的，但不一定如此。正如我们可以用数学符号或图表达一个想法一样，除了用语言，我们还可以用数学符号或图构想它。

## 思考的重要性

成功解决问题和分析争议，需要事实性知识，即对问题或争议的历史语境的熟稔，对相关原则和概念的理解。但是事实性知识是已知的，而在绝大多数情形下，解决方案是未知的、全新的，是为具体问题或争议量身定做的。由于这个缘故，拥有事实性知识本身并不保证能成功解决问题。事实上，你也许是传说中的“活百科全书”，但实际操作可能会失败。要成功解决问题，事实性知识和纯熟的思维能力缺一不可。

要想认识思维能力（thinking proficiency）的重要性，想想这些不同的情景：在其中，要求或将要求你解决问题、分析争议和做出决策。选择大学的专业、决定和谁结婚、在哪里生活、加入哪个政治团体，这些只是几种常见的情景。每天都有新的、难以对付的挑战：如何与难相处的人打交道、父母生活不能自理怎么办、怎样做个好家长、如何过滤广告中的虚假主张、如何明智地管理投资、如何决定哪个政治候选人能为国家带来最大益处（或者带来最小害处）。

问题解决、争议分析和决策的技能，日益成为职场人士的必备能力。大约 30 年以前，“科学管理”还很流行。在那样的体制中，高管进行思考，其他职员只是完成分配到的任务。自从“质量管理”出现以来，老板已经学会了重视那些乐意并能够为公司发展献言献策的员工。近几年来，这种认识被三种发展——知识爆炸、通信技术革命和全球经济兴起所强化。

研究能力的提升，实际上极大扩充了每个领域的信息库，任何人想掌握哪怕是一个学科的全部知识也已经成为难以企及的事情。另外，新知识每年成倍增加，全部掌握这些知识是不可能的。更重要的是，在中学和大学获取的信息库，曾经足以满足整个职业生涯的需求，但现在会在 10 年或更短的时间内被淘汰。

通信技术革命甚至更加引人注目。在不到 20 年的时间里，个人计算机出现，成百上千种硬件和软件生产商如雨后春笋般涌现，市场销售的产品 30 年以前没人能想象出来。数千亿美元流入微软、英特尔、戴尔这样的超级明星公司和众多的“网络公司”（dot-coms），终结了像 IBM 这样的企业巨头看似无所不能（也自鸣得意）的局面。对于个体公司和整个行业来说，结果是失去了稳定性。成功的、运营很好的组织也体验到了环境的迅速变化，被迫缩小业务规模和解雇员工。拥有解决问题能力和做出决策技能的人比其他人更有灵活性，因而降低了被解雇的可能性；如果被解雇，他们也更有可能找到满意的工作。

全球经济发展源于电视节目的卫星传输，来自其他国家商业竞争的加剧，以及新一代贸易协定的签署，如北美自由贸易协定（NAFTA）和关税及贸易总协定（GATT）。面对挑战，抓住全球经济带来的机遇，需要创造性思维和批判性思维的技能。拥有这些技能的员工比没有这些技能的员工有显著优势。

## 工作中的大脑与心智

一个多世纪以来，研究者已经加深了我们对人类思维的理解。我们现在知道，思考不是一种神秘的活动，不是不可知和不可学的。思考以某种模式出现，我们通过研究和比较这些模式来确定它们的相对客观性、有效性和效力（effectiveness）。这个知识能用于强化好的思考习惯，克服坏的思考习惯。如同詹姆斯·莫塞尔（James Mursel）所说的：“任何一种认为思考本质上是不可学和不可教的观念，完全是一个懒惰的谬误，它只取悦那些从不动脑子的人，他们从不想一想思考的实际过程究竟是如何完成的。”

大脑研究正在提供新的洞见，尤其是大脑结构比之前人们想象的复杂得多。理解大脑的第一个突破来自一名神经外科医生。在他开始用一种新的方法治疗一个严重的癫痫病人时，他切断了病人的胼胝体（corpus callosum），即连接大脑两半球的神经纤维，以缓解病症。这为研究每个脑半球的运作方式提供了可能性。人们由此得知右脑控制非语言的、象征的和直觉的反应，左脑控制语言使用、主语逻辑推理、分析和顺序任务的执行。

这项研究的一些推广者已经把它理解为有“左脑人”和“右脑人”，并随之出现了作坊式的小型产业，以帮助人们辨识自己属于哪种类型，或者变成他们不属于的那种类型。大部分研究者认为，这种推广充其量是对数据的过度简化。杰尔·利维（Jerre Levy）指出，没有数据“支持正常人的大脑运行与裂脑病人一样，即每次只用半边脑”。他补充说，大脑的这种结构意味着两个脑半球的深度融合，胼胝体连接了两个脑半球并对它们进行协调。

威廉·H. 加尔文（William H. Calvin）说，专门从事裂脑研究的研究者（如他本人）倾向于谨慎看待这种流行观点，就像天文学家对占星术持保留态度的一样谨慎。他引用“行为和心智过程大于且不同于每个脑区的贡献”的观点，作为左右脑一体化的证据。其他研究者强调这一事实，即目前的左脑/右脑研究仅限于已经严重受损或通过外科手术改变了的大脑，而非正常人的大脑。例如，罗杰·W. 斯佩里（Roger W. Sperry）在这个主题的诺贝尔学者演讲中强调：“正常情况下，两边大脑看起来是在同一个单位协同做工，而不是只有一边工作，另一边偷懒。”

尽管推广者的观点很夸张，但神经生物学研究似乎与认知心理学家之前的认识一致，即心智过程有两个不同的阶段——生成阶段和判断阶段——它们在问题解决和做出决策的时候相互补充。熟练的思考者需要掌握适合每个阶段的所有方法，以及在它们之间来回移动的技能。让我们更仔细地考察每个阶段，注意优秀思考者是如何有效地运用每个阶段的。

## 生成阶段

这个阶段与创造性思维密切联系，心智生成关于问题或争议的各种概念、应对方式，以及可能的解决办法或反应。优秀思考者比普通思考者能提出更多、更好的想法。他们更擅长使用不同种类的发明技术，使他们能够找到点子。特别是，优秀思考者在选择之前倾向于从不同角度看问题，考虑多种不同的调查方法，在做出判断之前提出许多想法。另外，他们更乐意冒智力风险，勇于考虑不同寻常的点子，并运用自己的想象力。

相比之下，普通思考者倾向于从一种受限的视角（通常只有一个狭隘的视角）看问题，采纳想到的第一个解决方案，立即判断每个想法，满足于有限的几个想法。而且，他们在思考过程中过于谨慎，不知不觉中让自己的想法与寻常的、熟悉的和期望的想法保持一致。

## 判断阶段

这个阶段与批判性思维密切相关，心智审视和评估所生成的东西，对它们做出判断，并适时进行改进。优秀思考者小心处理这个阶段。他们检验自己的第一印象，做出重要区分，将自己的结论建立在证据而非自己的情感之上。他们对自己的局限性和倾向性保持敏感，反复检查思维的逻辑性和解决方案的可操作性，识别不完美和复杂之处，预测负面反应，而且通常都会改进自己的想法。

对比之下，普通思考者过于迅速且非批判地做出判断，忽视证据的必要性，任由自己的情感塑造结论。由于无视自己的局限性和倾向性，普通思考者全然相信自己的判断，忽视思维中存在缺陷的可能性。

## 有效思考是一种习惯

人们常说，优秀思考者是天生的，不是后天形成的。尽管这个说辞有一定道理，但这个想法本质上是错误的。有些人在思考方面比其他人的天分高，有些人学得更快。结果，一年下来，一个人思考能力的发展远远超过了另一个人。但是，有效思考主要是个习惯问题。有效思考需要的心智水平和我们在讨论生成与判断阶段时强调的特质，任何人都可以掌握。这一点已经得到研究的证实，甚至创造力能够被学会也得到了证实。更重要的是，成为优秀思考者不需要很高的智商，这一点也得到了证实。E. 保罗・托兰斯（E. Paul Torrance）的研究表明，在创造性人群中，足足有 70% 的人智商测试的得分低于 135。

提升思考能力的困难取决于之前的习惯和态度。很可能之前很少或根本没有受过思考方面的直接训练，因而养成了一些坏习惯或不良态度。本书将为你提供需要掌握的原则和技巧，而你的老师会为你提供指导。你必须拥有最重要的因素：对提升思考能力的渴望和学以致用的意愿。

如果一开始改变你的习惯和态度的任务显得不可能的话，那么请记住，其他许多任务看起来也是如此，而你掌控了它们，比如走路、吃东西时不会把食物掉到高脚椅子上、游泳、打棒球，以及开车。不熟悉的事情似乎总是令人畏惧。

## 从努力中获取最大收益

有一段时间人们认为，同样的工作时间、地点和条件适合每个人。现在，我们的认识得到了进一步提高。没有两个人的需求完全相同。对一个人起作用的未必对另一个人起作用。例如，莫扎特和贝多芬，两人都是伟大的作曲家，他俩的工作方式却很不同。莫扎特不需要借助音符就能构想出整部交响乐和场景。之后他才把脑子里想的音符转写在纸上。不同的是，贝多芬在笔记本里记下散乱的音符，经常反复修改打磨，长达数年。他的最初想法如此笨拙，以至于学者惊叹它们是如何被发展成了伟大音乐作品的。

想象一下，假如莫扎特沿用贝多芬的工作方法，或者反过来，贝多芬用莫扎特的方法，会发生什么。莫扎特的创作一定会大大减少。另外，用不适合他天性的工作方法，甚至会彻底抑制他的创作。而贝多芬给世界带来的将会是垃圾。

今天世上有成千上万的人，也许数百万人，还没有对自己的才能潜质有过关注，更谈不上发展了，因为他们所用的工作习惯是借用别人的习惯，偶尔养成的习惯，或是环境使然的习惯。相信这一点并非没有道理。最好的方法不是假定你的工作习惯适合你的需要，而是尝试做点实验，去发现确实最有利于你的工作习惯。你所发现的可能不会造成很大差异，但即便熟练度有一点提升，从长远看也会继续给你带来益处。

考虑时间。1 小时的黄金时间要比 2 小时或 3 小时的错误时间工作收效更高。你习惯什么时间做学校最重要的功课？大清早吗？夜晚？中午？接下来的 1 个或 2 个星期里，试试不同的时间段并记录你的学习效果。

考虑地点。你会发现学生在奇奇怪怪的地方学习：宿舍的沙发、喧哗拥挤的餐厅、小吃店（经常在自动点餐机旁）。你可能也在其中的一些地方偶尔学习过，只是碰巧在那儿做必须做的功课，没有其他缘故，但那不是个好理由。如果你需要安静的地方以提高工作效率，就应该找个僻静的地方——如果宿舍不行，那就在空无一人的教室、公园的长凳，或者停着的车里。当然，如果你发现忙乱之地能真正刺激你的思维，就一定到那儿工作。

考虑条件。纵观历史，一些优秀思考者偶尔需要一些奇怪的刺激。诗人弗里德里希·冯·席勒（Freidrich Von Schiller）需要一个堆满烂苹果的课桌。小说家马塞尔·普鲁斯特（Marcel Prust）需要一个装有软木内衬的工作室。塞缪尔·约翰逊博士（Dr. Samuel）需要一只打呼噜的猫、一块橘子皮和一杯茶。但你不需要依赖小玩意或古怪条件的刺激也能做好，因为这些怪癖不好维持，这是最好的理由。你最好试试这样的方式，如开始做功课之前在校园散步或轻快慢跑，或者一边学习一边放音乐。

这里需要提醒一下。不要把你所喜欢的事情与最有利于你干活的事情混在一起。例如，你可能喜欢看电视或听立体声。但是，这些可能更多的是妨碍你而不是帮助你思考或写作。同样，酒精可能让你感觉很爽（至少是暂时的），但是它无疑是起反作用的。尽管认为这些东西促进创造力的观念依然存在，但研究者几乎一致得出它们具有相反效果的结论：它们会使心智变得模糊和麻木。

## 有效利用感觉或情感

感觉（Feelings）在20世纪60年代和70年代受到极大重视。“做你自己的事”“如果感觉对头，就去做”以及“触摸你的感觉”，都是当时的流行语。在之前几十年感觉受到忽视的背景中，如此强调感觉可以理解，但它常常采取排斥思考的形式。思考和感觉的真正关系是和谐的，而不是彼此排斥的。

感觉对问题解决和决策的贡献不可估量。感觉不仅产生预感、印象和直觉这些有助于生成我们所寻求的答案的因素，而且更重要的是，它赋予我们热情，让我们应对艰巨的挑战并努力坚持下去。阿尔伯特·爱因斯坦用了7年时间完成相对论；托马斯·爱迪生（Tomas Edison）耗费13年完善留声机；哥白尼（Copernicus）用了30多年时间证明太阳是太阳系的中心。数百万的男男女女不知疲倦地工作去实现那些最难的目标：战胜疾病、贫穷、无知和野蛮。如果对他们的事业没有深厚和不变的情感，他们是难以坚持下去的。

流行的观念认为，只有艺术家有情感，而科学家和其他务实的人用类似计算机的方式处理问题，这种观念一直被学者诟病。阿尔伯特·爱因斯坦用自身的例子证明了直觉在科学研究中的作用。“发现（复杂的科学规律）没有逻辑的方法，”他解释说，“只有直觉的方式，借助于对表象背后秩序的感觉。”亚瑟·凯斯特勒（Arthur Koestler）研究了无数伟大科学家的人生，他这样评述：“在普遍的想象中，（他们）是严肃冰冷的逻辑学家，就像干棍上顶着的电子大脑。但如果给一个人看他们书信和自传的精选部分，不提姓名，然后让他猜这些人的职业，最可能的答案是：他们是一群相当天真烂漫的诗人或音乐家。”

当然，不是所有的情感都是好的。有些情感用某种方式引领我们去做一些事情——好的情感不会让我们做这些事情。有时，即便最温和的人也会对他们不喜欢的人产生强烈的情绪反应，会对那些不能共情的人产生强烈的冲动，或者会被偷东西的欲望主宰。由于这个缘故，智慧要求我们不要成为情感的奴隶，而要客观地审视它们，把有价值和无价值的情感区分开。

在你继续这门课程的学习中，要试着了解自己的感受。接受这样的挑战：发现你最好、最高贵的情感，让它们成为激励你的力量。

## 学会专注

许多人认为，专注意味着持续、不被打断的思路。在他们的想象中，科学家、作家、发明家和哲学家从 A 开始思考，顺利地到达目的地 B，中间没有干扰停顿。这种想法是错误的。专注不是采取措施防止干扰和打断，而是在干扰或打断出现时采取措施克服它们。专注某事是指当我们的注意力游离时，让它回到我们的目的或问题上。

专注更像开车。有经验的司机开车时，不会用固定姿势锁住方向盘，而是微微向左转，向右转，让车行驶在线路上。即便在笔直的路上行驶，车也只有很少一部分时间保持笔直线路。司机必须不断调整，很多调整几乎难以觉察。有经验的司机并不比没有经验的司机天分高多少，他们只是学会了及时做细微的调整。

同样，高效思考者的秘诀不是他们经历的干扰少，而是比低效思考者更加快速和有效地应对干扰。高效思考者所做的并没有什么魔法。通过练习，你能学得跟他们一样好。

## 应对挫折

所有思考者都遭受过挫折：混淆、心理障碍、错误的开始，以及失败，这些每个人都曾经历。优秀思考者掌握了应对挫败的策略，而普通思考者只是哀叹它们，并任由它们打败自己。一项对学生问题解决过程的重要研究，揭示了不同水平问题解决者之间的一些有趣差异。以下是其中的一些：

| 优秀问题解决者 | 普通问题解决者 |
| --- | --- |
| 解读问题，决定如何开始解决 | 找不出开始解决的方法 |
| 利用自己的知识继续解决 | 说服自己缺乏知识（即便不是真的） |
| 开始系统解决问题，例如，想办法简化问题，弄清楚关键术语，或把问题分解成若干子问题 | 一头扎进问题中，随意从一部分跳到另一部分，试图证明第一印象的正确性而不是检验它们 |
| 信任自己的推理并对自己有信心 | 不相信自己的推理，对自己缺乏信心 |
| 解决问题的整个过程保持批判态度 | 缺乏批判态度，过于想当然 |

## 让讨论富有意义

在最好的情况下，讨论能加深理解、促进问题解决和做出决策。在最坏的情况下，讨论损耗精力、制造敌意，使重要争议得不到解决。不幸的是，当代文化中最突出的讨论模式——广播和电视聊天节目——经常产生后一种效果。

许多主持人要求嘉宾用简单的“是”或“不是”回答复杂问题。如果嘉宾用这种方式回答，他们会受到批评，说是过于简单。相反，如果他们试图给出一个全面的答案，主持人就会大叫，“你没有回答问题”，然后自己接着回答。同意主持人的受到优待，不同意的以无知或不诚实的名义被赶走。

通常情况下，当两个嘉宾争辩时，一方轮流打断另一方，而另一方叫喊“让我说完”。双方都没有表现出向对方学习的样子。一般情况下，当节目结束时，主持人感谢参与者“充满活力的辩论”，并向观众许诺下次会有更多这样的辩论。

这里推荐一些指导方法，确保你参与的讨论——课堂上、工作中或家里——会比电视上看到的更加文明、更有意义和更富有成效。遵从这些指导方法，你将成为周围人的好榜样。

## 只要可能就提前准备

不是每一场讨论都能提前准备，但多数情况下还是可以的。商务会议或专业会议的日程安排通常会提前几天发布。大学课程中要求完成任务的时间表，会对讨论内容给出可靠的指示和具体时间。利用这些预先给出的信息为讨论做准备。首先，回顾你对这个话题已有的知识；然后，决定如何拓宽你的所知，花点时间做这件事（花费 15~20 分钟在互联网上专心搜索，能获取大量的信息，让你了解几乎任何一个学科）；最后，试着预测讨论中可能出现的不同观点，斟酌每个观点的相对优势。在这一点上，保持你的结论是暂时性的，这样你就会对别人提出的事实和解释持开放态度。

## 设定合理期望

你有没有这样的经历：讨论结束时，别人没有放弃他们的观点，也没有接受你的观点，最后你失望地离开？当别人与你产生分歧或质问你的观点是用什么证据支持时，你有没有觉得受到了伤害？如果这两个问题的任何一个答案是肯定的，那你可能对别人的期望太高了。人们很少轻易或迅速改变想法，尤其是对于长期坚持的信念。而且，当他们遇到与自己观点不同的看法时，他们自然想知道这些看法是由什么支持的。期望自己的想法受到质疑，并愉快且优雅地回应。

### 放下利己主义和个人喜好

富有成效的讨论需要一种互相尊重和礼貌相待的氛围。利己主义者会对别人报以不尊重的态度——特别是，“我比别人更重要”“我的观点比任何人的都好”以及“规则不适合我”。个人喜好诸如厌恶另外一个参与者，或者对一个观点过于热衷，可能导致人身攻击和不愿听取别人的观点。

### 贡献而不是主宰

如果你是那种喜欢讲话且有很多话要说的人，那么很可能你对讨论的贡献要比其他参与者更大。另外，如果你比较矜持，可能很少讲话。这两种人都没有错。然而，当每个人都贡献想法时，讨论会更富有成效。为了达到这种效果，健谈的人需要稍微克制一下，矜持的人需要承担起分享自己思想的责任。

### 避免分散注意力的言语方式

这些言语方式包括从一句话开始，接着突然切换到另一句，咕哝或含混其词，用能听到的停顿声（“嗯”“啊”）或无意义的词语（“像”“你知道”“喂”）断开每个短语或句子。这些让人生厌的言语方式干扰人们获取你要表达的信息。要克服这种习惯，就听听自己的讲话。更好的做法是录下你跟朋友和家人的谈话（取得他们的同意），然后回放，自己听听。不管何时参与讨论，追求清晰、直接和简洁的表达。

### 积极倾听

当参与者相互不听时，讨论就变得与自言自语的独白差不多——每个人依次讲话而其他人忽视他所讲的。这种现象常常不是有意为之，因为大脑加工思想的速度比吐字最快的讲话者讲得速度快。你的大脑可能等得有点累了，于是思绪就像放开皮绳的小狗，开始无目的乱跑。这种情况下，你没有在听讲的是什么，你可能在想讲话者的衣服或发型，或者可能看着窗外，观察外面在发生什么。即使你在努力听，也很容易走神。如果讲话者触发一个不相关的记忆，你的思绪可能穿越到过去的时空中。如果讲话者讲到你不同意的事情，你可能开始想着如何回应。保持注意力的最好方法是对这样的干扰保持警醒并予以抵制。努力进入讲话者的语境中，理解说出的每句话并与之前的句子连接。每当意识到心不在焉时，就把思绪拽回到当下任务中来。

### 抑制叫喊或打断的冲动

毫无疑问，你知道大喊大叫和打断别人是粗鲁无礼的行为，但是你知道在很多场合下这些也是智力信心不足的表现吗？确实如此。如果你真的相信你的想法是正确的，就没有必要提高嗓门或让别人安静。即使别人诉诸这种行为，彰显自信和个性的最好方法也是拒绝用这种方式回应。让愉快地反对别人成为你的行为准则。

# 第2章 思考的基础

在盖房子之前，你要确保房子下面的地基是坚固的。这一明智的方法同样适用于发展思考能力的挑战。本章我们将讨论一系列重要问题，这些问题将帮助你决定是否有必要做一个谨慎的思考者。

例如，你的思想和行为是在你的控制之下，还是由你的基因或环境决定的？想要某事成真就能使其成真吗？针对某事物，你是否知其然而不知其所以然？记忆可信吗？拥有发表意见的权利就意味着你的所有意见都是正确的吗？

假如我们的思想完全与外部世界隔绝——一个智力上的无菌环境——本章的初步工作就不需要做了。我们刚好可以转向思考的技巧和策略，并开始践行它们。其实不然。我们人类是社会动物，生活在一个不完美的世界、一个充满冲突想法和价值的世界，这些想法和价值或好或坏地影响我们。

因此，你对自由意志、真理、知识、意见和道德争议的看法，将对你作为一个思考者的发展产生影响。有些想法会促进你的思考，而一些想法会妨碍你的思考，还有一些可能会使你的思考完全瘫痪。因此，重要的是，在继续进行之前，严密审查这些问题，剥离有益的观念和有害的观念，并建立一个坚实的概念基础。首先，我们要考虑自由意志的问题。

## 自由意志与决定论

你读这一章是出于选择，还是被迫？

被迫的意思并非指老师的指示："明天读第二章。"这是一种温和（且仁慈）的压力，但不是强迫。强迫是一种你实际上无力抵抗的力量。一些心理学家会论证说，你没有自由意志，所以你不是通过选择而是通过强迫来阅读的。

“等一下，”你说，“我知道我有自由意志，因为就在此时此刻，我朋友房间里正好有个聚会，我不得不与自己的良心做斗争，阅读这一章，而不是去那里。”心理学家耐心地笑着说：“对不起，那个斗争是一种幻觉。没有选择，只有刺激－反应的枷锁。你已经习惯了以某种方式行事，所以你那样行事。”

“哦，是吗？”你回答，“那就看这个。”你“砰”的一声合上书，朝那个门走去。他们打了个哈欠，说：“完全没有说服力。你的戏剧性行为只是表明，面对不愉快的想法，你已经习惯了倔强。”

这时，你握紧拳头，开始咬牙切齿。这是正常反应。许多学者和知识分子——是的，还有大量其他心理学家——也有类似反应。他们中的许多人已经明智地放弃了与严格决定论者的论辩。他们意识到，你不可能赢这样的人——他的规则是“你说什么都会证明我的观点”，就像和一个出老千的人一起打牌一样。

这并不是说理性人拒绝条件反射的理念。相反，他们只反对那种极端观念，即所有人类行为都被条件反射支配。他们持中道的看法，即尽管我们都受到周围环境和背景的影响——有时非常强——但我们通常保留着相当程度的自由意志。通情达理的人会说，你正在读这一章有可能是出于某种强迫，但更有可能是你这么干是因为你选择阅读而不是参加聚会。条件反射在你的选择中起了什么作用？他们会说，这增加或减少了一种选择的可能性。假若一个学生养成了把负责任的行为放在自我放纵之前的习惯，他就会在任何特定情境下更有可能这样做。

对你而言，重要的是接受这种更中道看法的一些理由。首先，只有当你确认人们对自己的行为有一定控制，并在某种程度上对自己的行为负责时，你才能有意义地讨论道德争议。（如果不具有在两种行动中做出选择的能力，那么，讨论两种行动哪一种更可取就没有什么意义了。）此外，只有当你肯定个人或整个社会可以改变他们的政策和优先事项时，你才能有益地讨论诸如核裁军、监狱改革或老年人待遇等社会问题。最重要的是，只有当你确信你能控制自己的言行，只有当你相信缜密的思考能带来改变时，你才可能有动力创造性地、批判地解决问题。

## 什么是真理[①]

我们生活的这个时代，真－假检验不仅构成教育成就的基础，也使其成为我们最持久（尽管有点可悲）的一种娱乐形式——智力竞猜节目的主要内容。因此，对真理还有如此多的混乱认识颇具讽刺意味。人们甚至可能听到有些聪明人说出诸如此类的话："每个人都创造自己的真理""对某个人是真理的东西，对另一个人却是错误""真理是相对的""真理是不断改变的"。所有这些想法都破坏了思考。

如果每个人都有自己的一套真理，就不存在某个人的想法会比别人的想法更好的情况。所有人都必定不分伯仲。可是，如果所有的想法都同等真，那么研究任何学科又有什么意义呢？为什么要掘地三尺以得到考古问题的答案？为什么要探究中东紧张局势的原因？为什么要寻找治疗癌症的方法？为什么要探索银河系？只有承认一些答案比别的答案更好，真理与个人观点相分离

① 此处的"真理"原文为"truth"，既有真理之意，也有真相之意。——译者注

且不受后者影响，这些活动才有意义。

例如，考虑一个虽非重大但颇为有趣的问题：在美国，哪些街道名称最流行？在这里，如果真理是相对的，那么任何答案与其他答案一样好。有人说是“枫树”，有人说是“罗斯福”，还有人说是“格罗夫”，等等。很多人还会说，“百老汇”或“主街”。（你有了自己的答案后请扫描本书封面二维码，发送“学会思考”获取电子资料，与其中第 84 页核对。）如果每个答案都同样正确，就不会有人对这个问题感兴趣了。然而，进步取决于人们的好奇心和兴趣，取决于寻找正确答案的动力，取决于了解真相的愿望。

真理关涉某事物是如此这般，它的真实性区别于人们希望、相信、断言该事物是什么样子。从另一视角来看，用哈佛大学哲学家谢弗勒（Israel Scheffler）的话来说，真理是一种“注定最终被所有探究者认同的观点”。“最终”一词很重要。在数年甚至数世纪之内，探究可能会产出错误的答案。《戴金盔的男子》（*The Man with the Golden Helmet*）是一幅有名的 17 世纪油画，经常被复制，长期以来被认为是伦勃朗的作品。直到最近几年，人们才确定这幅画出自一位不知名的伦勃朗同时代人之手。尽管数代艺术专家都宣称这幅画是伦勃朗的作品，但真相始终未曾改变。

在不同的时间和地点，一些非常奇怪的想法被当作真理广为接受——例如，马毛放在水里会变成蛇，就连莎士比亚也相信该说法。任何人只要观察过光线在水中的折射如何使任何物体看起来在运动，就会明白人们被欺骗的原因。

同样，许多人错误地相信：小苍蝇、小飞蛾和小蜜蜂是大苍蝇、大飞蛾和大蜜蜂所生的宝宝。医学史上有很多有趣而又离奇的民间疗法——例如，治疗头痛的方法是把一个碗扣在头上，将碗周围的头发剪下来然后烧掉；要治疗耳痛，就让人向病患的耳朵里吐烟草汁；治疗肺炎的方法是把一只活鸡切成两半，放在病人肺的部位上；还有人用穿耳洞的方法去治疗弱视。

今天，我们理所当然嘲笑这些想法。但是，重要的是要认识到，我们的笑声强调了一个事实，即人们不会创造真理。如若这样，科学家又将如何检验理论呢？正是一种理论的创造将是其有效性的证明，因而每一种理论都是同等可接受的。当然，这是无稽之谈。我们从日常经验知道，有些理论被证明是正确的，别的则是不正确的。对一种理论的有效性的检验必定在理论本身之外。

但是，假如人们并不创造自己的真理，那他们做什么呢？他们建立联系去理解它，并构造表达，以期忠实地表现它。他们有时成功，有时失败。小说家 H. G. 威尔斯（H. G. Wells）用一个简单比喻总结了这项任务的挑战和困难："我们的心智之钳是笨拙之钳，在抓住真理的时候会把它压碎一点儿。"

真理会改变吗？不。有时似乎会改变，但仔细审视就会发现并无改变。例如，几年前，一种以前不为人知的鱼类在太平洋深处被偶然发现。我们也许认为，这种鱼的发现改变了关于它存在的真相。但是，想想看，这个想法有多蠢。它要我们相信水里没有这样的鱼在游，是有人在深海潜水机器里"看"到了它的存在。相信那鱼是存在的，但我们并不知道它存在，这是多么合理啊！换句话说，在发现之前和之后，事情的真相是同一个，只是我们对它的认识改变了。

考虑另一个非常不同的例子：《创世纪》作者的案例。数世纪以来，基督徒和犹太教徒都相信，《创世纪》只有一个作者。随着时间的推移，这种观点受到了挑战并最终被这样的信念所取代：

有多达5位作者对《创世纪》做出了贡献。随后，所发表的对《创世纪》历时5年的语言学分析结果陈述说：正如最初认为的那样，单一作者有82%的可能性。关于《创世纪》作者的真相有改变吗？没有。只是我们的信念变了。也许有一天我们会有终极的和决定性的证明；也许，像一桩悬案一样，此事永远不会解决。无论如何，真理不会因我们的知识或无知而改变。

一个简单方法可以让你免于对真理产生进一步的困惑，那就是把真理当作一个问题的最终答案。养成经常使用信念、理论和当下的理解（present understanding）这些词的习惯。这样做的额外好处是，当新证据出现并引发对自己观点的怀疑时，你会更乐意修改它。

## 什么是知识

下面是一个简短测试。在你完成之前，不要提前读所附的答案。

1. 谁说过“我唯一遗憾的是我只有一次生命可以献给我的祖国”？

2. 如果英国人来了，里维尔（Paul Revere）从教堂塔楼上得到的约定信号是什么？

3. 在最初的故事中，灰姑娘的鞋是用什么做的？

4. 驼毛刷是什么做的？

大多数人可以轻松回答这些问题，但对于那些确认自己知道的人，轻易得到的答案往往是错误的，这里的重点是，认为自己知道不等于真的知道，我们认为自己知道的、确认自己知道的、大声宣布自己知道的，可能根本就不知道。如果想法与现实不符，就不等于知识。

不幸的是，实在可能具有欺骗性。1972 年，17 岁的大学生伯森（Lawrence Berson）因多项强奸指控被关押了一个多星期，直到另一名男子，20 岁的卡蓬（Richard Carbone）供认了罪行。瞥一眼二者的照片（图 2-1），就能解释为什么认出伯森的受害人“知道”他是强奸犯。

图 2-1　伯森（套印在大图中的小图）与和他极为相像的另一个人卡蓬

很明显，在我们相信自己知道但其实并不知道的情形下，出现了有效思考的障碍。既然一个人相信自己早已知道，那他又何必劳神费力去弄清一件事，或者倾听相反的证言呢？因此，理解知道的机理很重要：我们是如何知道的，何种知识是最值得信赖的。

## 获得知识的方式[①]有哪些

我们可以通过以下 3 种方式中的任何一种来获得真正的知识：个人经验、观察和他人的报告。第 1 种方法最可靠，但正如我们将看到的，即使是这种方法也远非完美。

### 经验

我们不只是接受经验，然后把它们封储在我们的脑子里。我们将它们与过往经验进行比较，对它们进行分类、解释和评估，并做出关于它们的假设。所有这些过程都可能在我们没有意识到的情况下完全无意识地发生。它们中的任何缺陷都会使我们的经验看起来不同于我们触及的实在。

考虑这样一个情形：阿格尼斯在一个宗教家庭长大，在一所教区学校上学，参加庆祝其教会的所有节日，包括圣诞节。她知道圣诞节是一个基督教节日。在她一生中，圣诞节一直是神圣

① 我们这里关注的是最经常讨论的一种获得知识的方式——知其然，它的焦点在信息上。另一种同样重要的获得知识的方式是知其所以然，它的焦点在程序和策略上。对后者的衡量，不在于对内容的拥有，而在于对某一技能的运用。你将在后续章节中学习处理问题和争议的策略，它们就等同于知其所以然。

的。据她的知识，她无意识地创造了这样一种观念，即在基督教的整个历史中，历来都是如此。随着时间的推移，这个含混的想法在她心中变成了一种必然的事。她甚至可以想象自己在课堂上听到这种表达。是的，她知道圣诞节一直是个主要的基督教节日。

唉，她错了。事实上，在17世纪的英格兰，清教徒禁止庆祝圣诞节。他们觉得这是异教的习俗。同样，在新英格兰殖民地，圣诞节也是被禁止的。直到1856年，圣诞节才在马萨诸塞被确立为法定假日。

这里有另一个更常见的例子。我们所有人都经历过发育的一个阶段——童年。我们大多数人从来没有设想过有人没有经历过童年，所以我们很容易相信童年总是存在的必然性。然而，研究表明这种观念是错误的。历史学家普拉姆（J. H. Plumb）写道：

> 我们认为适合儿童的世界——童话故事、游戏、玩具、学习专用书籍，甚至童年概念本身——都是过去400年欧洲人的发明。我们用来形容年轻男性的那些词——boy、garcon、Knabe——在17世纪以前被不加区分地用来指处于从属地位的男性，可以指30岁、40岁或50岁的男性。没有适用于7到16岁年轻男性的专门语词；“小孩”（child）这个词表达亲属关系，而非年龄状态。

由于我们的感知不是被动接获的，而是受到我们的情绪状态和心理过程的影响，所以它们很少能精准地反映实在。其实，它们有时严重扭曲实在。

## 观察

准确地观察当然是可能的，但我们常常做不到。我们通常透过用自己的经历和信念涂了色的眼镜来观察世界。假如我们相信黑人比白人更擅长运动，我们很可能就会“看见”某个黑人运动员在篮球比赛中比白人运动员表现更好——即使这种情况并没有发生。如果我们相信意大利男子生性暴力，那么当我们观察热烈讨论中的一个意大利男子时，我们很可能“看见”他做出威胁的手势，并准备打另一个人——即使这些手势并非不友好。这种观察的扭曲究竟是如何发生的，可解释如下：

> 在我们看世界之前，就被告知了这个世界。大多数事情在我们经历它们之前，是我们想象出来的。这些先入为主的观念，除非教育使我们敏锐地意识到，否则会深深地支配着整个感知的过程。它们把某些物体标记为熟悉的或陌生的，强调它们之间的区别，因此，稍微熟悉的东西被看作是非常熟悉的，而有点陌生的东西则被视为极度陌生。它们会被微小的迹象所唤起，这些迹象可能包括从一个真实指数到一种含混的相似这么大的范围。当被唤起时，它们会用旧影像淹没新视觉，并把记忆中已经复苏的东西投射到世界上。

## 报告

这种知识来源涵盖了父母和老师教给我们的大部分知识，我们在新闻中听到的报道，以及在书籍、杂志和互联网上所读到的。毫无疑问，大多数向我们表达思想的人，都试图准确地教导我们，而不是蓄意误导我们；他们相信自己告诉我们的东西。然而，由于他们是人，因此会犯错，教给我们的东西很可能有相当大一部分至少在某种程度上是错误的。

乔治·塞尔迪斯（George Seldes）披露了一个有趣的例子，说明新闻报道中的错误会蔓延到何种程度。这是一个原创新闻故事，后来塞尔迪斯查明了事实。

| 故事 | 事实 |
|---|---|
| 贝尔格莱德，10 月 27 日——昨晚，斯洛文尼亚女演员阿拉·贝尔（Alla Behr）夫人，本应出现在利乌利亚纳（Lioubliana）剧院的舞台上，但就在几分钟前，她被发现在化妆间上吊身亡。自杀的原因尚不清楚。 | 在第一幕结束之后。不是在利乌利亚纳，而是在克拉根福（Klägenfurt）。她的名字叫艾拉·比尔（Ella Beer），不是斯洛文尼亚人，而是维也纳人。不是在她的化妆间，而是在她住的酒店。原因已知晓。 |

这位报道者怎么能制造这样一个一团糟的故事？这其实不难想象。他可能很晚才到达现场，发现该区域拉起了警戒线，他从旁观者或阻止人群进入的警察那里得到了他的细节——换句话说，从那些只知道在他们中间传播的零碎事实和道听途说的人那里，得到了细节。

错误有时是由于纯粹的粗心造成的。例如，据纽约北部的一家日报报道，托马斯·西蒙斯（Thomas Simmons）因击打卡尔·彼得森（Carl Peterson）的头部而被捕。一两天后，更正版本发表了。似乎是彼得森打了西蒙斯。所有读了第 1 个版本但没读第 2 个版本的人都“知道”发生了什么，但他们错了。

然而，杂志文章和书籍又如何呢？这些都是经过研究的，比报纸上的文章更仔细，因此应该更准确。埃德温·L. 克拉克

（Edwin L. Clarke）解释了它们为何也是有缺陷的：

> 众所周知，二手来源很可能是为了与普遍接受的信念和偏见相一致而写的。例如，大多数流行的历史……与最好的第一手来源所能保证的相比，使英雄更英勇、恶棍更邪恶、战争更血腥、和平更荣光。简言之，它们倾向于并不是按其本来的样子，而是按作者喜欢的样子，按作者认为他的公众喜欢或应该认为的样子，去呈现历史事件。

## 记忆的问题

最后，这 3 种获得知识的方式都受制于另一个问题，一个会在几天、几个月或几年后发生的问题：不准确回忆。这种断言似乎有些牵强，因为按流行的观点，记忆是对事件的无可怀疑的心理记录——就如录像带一样，不会随着时间的流逝而逐渐消失，可以按需回放。然而，这种观念是错误的。正如华盛顿大学实验心理学家、记忆专家伊丽莎白·洛夫特斯（Elizabeth Loftus）解释的那样：

> 大多数对记忆的理论分析，将记忆过程分为 3 个不同阶段。首先是获取阶段，在这个阶段，对原始事件的感知被输入记忆系统；第 2 个阶段是保存阶段，即从事件发生到回忆起某一特定信息之间的一段时间；第 3 个阶段是检索阶段，在这个阶段，一个人回忆起被存储的信息。与流行的看法相反，事实不会进入我们的记忆并不受未来事件的影响而被动

地驻留在那里。相反，我们从自己的环境中捡起片段和特征，这些进入记忆，在那里它们与我们先前的知识和期望（已存储在我们记忆中的信息）相互作用。因此，实验心理学家认为，记忆是一个整合过程——一个具有构建性和创造性的过程——而不是如录像带那样的被动记录过程。

在其被广泛重复的实验中，洛夫特斯证明了记忆具有惊人的可塑性。例如，在播放事件视频并要人们记住他们所看到的东西之后，她可以通过微妙的暗示，“植入”原始经验中并没有出现的人物、地点和事物的细节。不过，心理学家的隐晦暗示并不是影响记忆的唯一因素。我们自己的当下态度能使我们删除记忆的某些部分，压缩其他部分，并虚构一些与原始经验无关的东西。

即使是目击者的证言也会遭受这种扭曲。一份报告指出：“已经发现，目击证人有一种倾向——首先根据他们的期望，其次根据他们的情感偏见，再次根据他们对事情发生的自然或合理方式的私人观念，去感知和记忆事物。”

举一个简单例子。每个人都有过这样或那样的经历，说明我们是多么容易操纵自己的记忆。在一次教员会议上，塞奇（Sage）教授无可奈何地坐着，而一位啰唆的管理人员说个不停。为了逃避，塞奇打开一本书读起来。突然，他听到有人叫他的名字：“塞奇博士，请注意一下，好吗？”猝不及防的他尴尬地抬起头，不小心把书掉在地上，结结巴巴地说：“呃……我在听……有点……抱歉。”

在会后开车回家的路上，他思量着，他本可以对发言者做出什么回应。按他最喜欢的回应，他引人注目地站起来，用最具毁灭性的口吻回答说："先生，我可能需要出席这次会议，但你必须吸引我的注意力。"数月后，塞奇教授和一位朋友聊天，叙述他记忆中的那段经历。他讲的是哪个版本？他已经开始相信确实发生过的版本：想象的版本。

这似乎是一种关于知道和记忆的相当悲观的观点，但你不该因此而气馁。这不是故事的全部，只是被忽视的一面。虽然很少失真或没有失真的准确知道和记忆不会自动发生，但如果我们努力争取，它们仍然是可能的。

## 什么是意见

意见是非常私人的，所以人们对自己的意见有强烈的情感是可以理解的。但许多人的这种情感超出了良好判断力的边界。他们把"每个人都有权发表自己的意见"这一有效的想法，变成了"每个人的意见都是正确的"这一极端荒谬的观点。没有对意见的本质有成熟的理解，就不可能有望成为一个优秀思考者。

意见这个词的基本问题是它太笼统了。它被赋予了比它所能承受的更重的负担，既包括喜好（taste）的表达，也包括判断（judgment）的表达。

### 喜好的表达

喜好的表达描述了内部状态和偏好。它们主要说的是，"我喜欢这个"和"我不喜欢那个"。例如，一个人也许会说，"我觉得秃顶男人很有魅力""除了别克，我不会买其他任何车""当我看到一幅关于牛的画，我想看到像牛一样的东西，而不是色彩的漩涡”，或者“黄色和紫色很搭”。所有这些陈述都是喜好的表达。我们可以分享这些偏好，也可以觉得它们粗俗得令人遗憾，但我们没有理由要求别人辩护这些陈述。不必辩护。

### 判断的表达

判断的表达是对事物的真实性或对行动路线的明智性的断言。因此，如果人们说，“秃顶男人比浓发男人更容易感冒”“别克车比福特车更经济”“不能辨认出画的是牛的画是劣质绘画”，或者“黄色和紫色的组合是审美缺陷的标志”，他们不是在表达喜好（尽管它们的喜好可能暗藏在背景中）。他们都在表达判断，就好像它们在评论死刑是否能阻止犯罪，或是否应该提高投票年龄的问题一样。

挑战判断的表达并非不礼貌或不民主。判断只不过与支持它们的证据一样好。历史上充满了基于不充分证据或狭隘解释证据而做出判断的例子。在很多情况下，由于人们不敢挑战它们，导致它们造成了难以估量的伤害。

数世纪以来，人们接受这样的观念：人类意识的中心是心，而不是脑。直到 17 世纪，人们还相信，天使指引行星运行在它们的轨道上（甚至著名的天文学家约翰内斯·开普勒也没有质疑这一信念）。在达尔文时代之前，化石就已为人所知，但它们被解释为挪亚洪水所摧毁的动植物的遗骸，被解释为撒旦为了欺骗信教者而创造的东西，或者被解释为上帝为检验宗教信仰而埋在地下的东西。

同样，在不同时期，我们的祖先相信，无序行为是由恶魔引起的，而最有效的疗法是魔法、灌肠、在精神病院监禁、殴打、在旋转机械里旋转，或用石头砸死。

人的判断不仅可能是错误的，而且可能荒唐可笑，这一事实是将你的判断基于充分证据，小心解释，而不是基于偏见、突发奇想或盲目信仰的最佳理由。当新的证据挑战判断时，你还需要迅速重新考虑它们。

## 理解因与果

清晰理解因果关系（cause-and-effect relationships），对于负责任地形成意见至关重要。不幸的是，对于这种关系存在大量的混淆观念，这可能导致许多错误。一种错误是，在全无因果关系的地方看到了它。另一种错误是，只看见简单且明显的因果关系，而未察觉复杂或微妙的因果关系。第三种错误是，相信因果作用只与物质力量有关，与人类事务无关。为了避免这几种混淆观念，你必须明白 4 个事实。

第一，一个事件可以先于另一个事件但并不引起后一个事件。有些人相信，当一个事件先于另一个事件时，它就一定是另一个事件的原因。大多数迷信都根植于这种观念。例如，打破一面镜子，有一只黑猫穿过你的道路，或者从一架梯子下走过，都被认为会带来霉运。即使你不迷信，也会犯这样的错误。你可能相信，你的教授今天来了个突击考试，是因为学生前天心不在焉，然而，其实教授可能在本学期开始就计划好了。或者，你可能相信，股市下跌是因为新总统上任，而实际上可能是其他因素所致。

相信前件事必然引起后件事的问题在于，这种思维忽略了巧合的可能性。这种可能性是“相关关系不能证明因果关系”这一原则的基础。为了建立因果关系，有必要排除巧合，或者，对此至少提出一个有说服力的论证。

第二，并非所有的因果作用都涉及自然力或必然性。“因果作用”一词通常与影响物质实在的物理作用联系在一起。例如，闪电击中一所房子，房子着火燃烧；一个花盆不小心从窗户掉落，砸在地上碎了；或者，一辆超速行驶的汽车没有转过弯，冲出高速公路，撞到树上。这些情形适用某些科学原理或定律（燃烧、重力、惯性），而且结果是不可避免的，或者至少是高度可预测的。

这种类型的因果作用是有效的，但如果将它当作唯一的类型，那就错了。因果作用也发生在我们称之为人类事务的非物质实在中——更具体地说，发生在情感和思考的过程中。这种类型的因果作用很少与科学原理或定律有关，几乎从来都不是不可避免的，而且往往难以预测。

如果要避免过度简化，我们就需要以一种既包括物质领域，也包括非物质领域的方式来定义因果作用。因此，我们将因果作用定义为一事物影响另一事物发生的现象。影响可大可小，直接或间接，在时间或空间上可近可远。它也可能是不可抗拒的，如前面提到的燃烧、重力和惯性的例子；或者是可抗拒的，比如下述父母的教导或某人同龄人的例子。在后一种情形里，以及在涉及思想的其他问题中，影响（原因）并不强制结果发生，而是邀请、鼓励或激发结果。考虑以下这些例子：

“罪犯不必为自己的行为负责”的想法，激发了刑事辩护律师将责任从他们的委托人转移到家长、老师和整个社会。这样的上诉鼓励了一些法官和陪审团比以前更宽大地对待罪犯。

“拿起武器攻击他人在道德上是错误的”这种观点使一些人相信，军事入侵永远不可接受，即使是为了保卫自己的国家免遭无端的攻击。这种信念反过来又使一些人不愿考虑“正义战争”的论证。

“智力由基因决定”的观点使20世纪早期的教育家得出这样的结论：思考是不能教的，因此强调死记硬背的学习，扩大职业课程。

“感觉是行为的可靠指南”这种观念导致许多人抛开克制，跟随自己的冲动。可以说，这种变化导致了不文明行为、路怒症、虐待配偶等社会问题的增加。

“自尊是成功之先决条件”的观点改变了自我修养的传统观念，启发了数百本关注自我接纳的书，并引导教育工作者对家庭作业、评分和纪律采取更宽容的看法。

在每个例子中，一个想法影响了一个行动或信念的发生，从这个意义上说，导致了它。当专栏作家乔治·威尔（George Will）遇到“没有人会因为观看《天生杀手》（*Natural Born Killers*）或听黑帮说唱唱片而猝死”的说法时，他的脑海里无疑就有这种因果作用的观点。威尔回答说：“从来没有人因为读纳粹反犹报纸《冲锋队员》（*Der Sturmer*）而倒毙，但它所服务的文化导致了600万犹太人丧命。”

第三，人类事务中有一张万能牌（wild card）—自由意志。说人的行为比物质现象更难预测，并不意味着人类行为根本不可预测。当两个想法，或一个想法与一个行为紧密联系时，其中一个就是另一个的良好参照指标。当塞缪尔·约翰逊（Samuel Johnson）写到“高估自己的人会低估他人，低估他人的人会压迫他人”时，他是在承认这一事实。此外，当他评论一位熟人时说“如果他真的认为美德与邪恶没有区别，那么，先生，当他离开我们家时，让我们数一数我们的汤匙”，也是在承认这一事实。

其他行为的指示是习惯和时尚。习惯使吸烟者倾向于持续吸烟，让说谎者接着撒谎，让自私的人继续自私。至于时尚，当知名设计师说“裙摆应该提高”时，成群的女性会遵从。当大码的无腰带牛仔裤流行时，成群的年轻人摇摇摆摆地走在街上，裤子的上沿低于臀部，裤裆触膝。当偶像运动员剃光头时，大批粉丝也纷纷仿效。

一些时尚是逐渐发展起来的，有时发生在两代或三代以上。在这种情况下，人们的反应变化是如此缓慢，以至于他们根本没有意识到自己已经发生了改变。以电视和电影中的色情内容为例。

在 20 世纪 50 年代，银幕上很少出现暴力和色情，而且所展示的内容是温和的。然后，观众可以瞥见鲜血和血腥，也可以短暂地看到裸露的肉体。年复一年，这样的场景越来越多，镜头越来越近，停留的时间也越来越长。随着时间的推移，主题禁忌一个接一个被打破。最终，暴力和性结合在一起，并引入了强奸等主题。最近，这个行业制造了一种冲击感官的新工具——法医节目，它描绘强奸谋杀案发生的全过程，然后用大特写镜头呈现尸检的每一个血淋淋的细节，伴随着频繁的、生动的闪回，刷新了令人震惊的犯罪认知。

每一项改变都引发了强烈的抗议。然而，随着时间的推移，随着耸人听闻的图片变得为人熟知，抗议活动逐渐减少，那些反对色情和暴力的人被认为是古怪的。简单说，随着时间的推移，哗众取宠变得司空见惯，这一事实导致色情和暴力被接受。

到目前为止，我们已注意到，在物质事件中，因果作用是通过自然力或必然性发生的，而在非物质事件即人类事务中，因果作用是通过影响发生的。此外，在人类事务中，结果在某种程度上是可预测的，但远不如物质事件那样可预测。现在我们需要考虑，为什么它们难以预测。答案是，因为人们拥有自由意志，也就是说，人有能力以抗争最强影响的方式做出反应。自由意志本身就是一个因果性因素（causative factor），它可以盖过所有其他因素。这就解释了为什么有些人在最恶劣的环境中长大——例如，在功能失调、受虐待的家庭中，或在以贩毒和卖淫为主要收入来源的犯罪猖獗的居民区中——却能抵制所有的负面影响，变得正派、勤奋和守法。（还有，这也解释了为什么那些在经济和社会上更幸运的人达不到这些理想。）

有人说得对，人们很少能选择生活将他们置于其中的环境，但他们总能选择自己对这些环境的反应。任何对人类事务的因和果的调查，必须考虑到自由意志的因素。

第四，因果作用往往是复杂的。当一颗小鹅卵石被扔进平静的水池时，它会在各个方向引起涟漪，这些涟漪甚至会影响到遥远的水域。美国国家航空航天局的研究人员在大气中发现了类似的过程：空气中被称为气溶胶的微小颗粒，可以对远离其发源地数千英里[①]外的气候产生涟漪效应。

对人类事务的影响也可能是复杂的。为了降低成本，化工厂的所有者可能会把化学物质排放到附近流入河流的小溪中。这一

① 1 英里 =1 609.344 米。

行动可能会导致他并非蓄意的后果，包括污染河流、杀死鱼类，甚至使住在离其工厂很远的人罹患癌症。这些影响不会因为并非他的本意而不真实。

一名处于流感早期阶段的妇女在没有意识到自己生病的情况下，可能会在拥挤的飞机上打喷嚏，并感染数十名乘客。他们因而可能会浪费工作时间，有些人可能需要住院治疗，免疫系统受损的人可能会死亡。鉴于她不了解自己的状况，没有一个通情达理的人会认为她应该为她打喷嚏的后果负责（道义上负责），但毫无疑问，她造成了这些后果。

夜间，一辆汽车在州际公路上行驶。紧接着，一头鹿跳出来，司机猛踩刹车，但还是把鹿撞死了。紧跟其后行驶的车撞上了第 1 辆车，其他 5 辆车也发生了同样的事情，每辆车都追尾前车。由于这种连锁反应，司机和乘客受到各种各样的伤害——系好安全带的人受轻伤，其他人则受重伤。确定因果性因素的任务需要对细节进行细心关注。最初的原因是鹿在一个不幸的时间过马路，但这不是唯一的原因。第 1 个司机导致了鹿的死亡。其他每个司机都对自己车的前部和前车的后部造成了损害。没有系好安全带的乘客受到的伤害比其他司机和乘客更严重。

这些例子包含了一个宝贵的教益：在调查因和果时需要谨慎。但是，如果我们按照通常的调查方法来考察一个案例——从最近的结果最终回溯到最早的因果性因素，这个教益就会更加清晰；也就是说，回溯到“源头”原因。

例如，很明显，一段时间以来，生活在欧洲的中东血统的人数量激增，根据一些观察家的说法，不久之后，欧洲很可能被称为“欧拉伯”（Eurabia）。是什么导致了这种变化？分析家发现，几十年来，在政府的支持下，欧洲公司一直在邀请外国人到他们的国家工作，这些工人带来他们的家人，形成了他们自己的“飞地”，建造了他们自己的清真寺和教堂，并“植入”了他们自己的民族文化。下一个问题是，是什么导致政府批准这些工人的涌入？答案是，欧洲国家的本土人口已经下降到接近或低于“生育更替水平”的程度，土生土长的工人太少，无法填补空缺职位，从而无法为老年人的养老金和医疗保健服务提供资金。

是什么导致了人口的减少？20 世纪 60 年代和 70 年代有效的生育控制技术的可用性，以及越来越多的家庭选择使用这些技术。是什么导致这么多家庭限制孩子的数量？一个因素是，在长达一个世纪的时间里，人口从农村流向城市，在这里，孩子是一种经济负担而不是一种资产。其他因素是，越来越强调自我实现，以及相应的把养育子女视为自我窒息的倾向。

即使这种对因和果的简短分析也表明，对复杂争议的轻率回应——在这个例子中，“中东人正试图接管欧洲”——不仅毫无助益，而且不公正。以下提示将帮助你避免在分析中过度简化：

> 记住，事件很少“就这么发生了”。它们作为特定影响的结果而发生，这些影响可大可小，直接或间接，在时间或空间上接近或遥远；它们也许是不可抗拒的（强迫的或必然的），或者是可抗拒的（邀请的、鼓励的或激发的）。
>
> 还要记住，自由意志是人类事务中一个强有力的因果性因素，它经常与其他原因交织在一起。在欧洲社会变化的案例中，人们从农村到城市的流动和生育控制，都是个人选择，而城市工作（一种经济实在）和生育控制技术（一种科学发

展）更大的可用性不是个人选择。

要知道，在一连串事件中，一个结果往往会变成一个原因。例如，欧洲人口的减少导致了外国工人的输入，这反过来又导致了本地出生的公民与外国公民比例的变化，随着时间推移，这可能会改变欧洲大陆的主导价值观和态度。

在处理人类事务时，结果可能是不可预测的。因此，在确定原因时，你可能不得不满足于可能性而不是必然性（就像你在进行科学测量时所做的那样）。换句话说，你可能会得出这样的结论：某件事是原因的可能性比不是原因的可能性更大，或者极可能是原因。这两个结论中的任何一个，都比单纯的可能性具有更显著的力量，但它缺乏必然性。这种差异大致类似于法律裁决标准的差异：在民事案件中，标准是“证据优势”或“明确且令人确信的证据”，而在刑事案件中，则是“排除合理怀疑”这一更为苛刻的标准。

## 道德问题的争议

在道德问题是否可争论的问题上，再没有什么比现代思想更混乱的了。许多人论证，它们不是可争论的，宣称做出“价值判断”是错误的。这种观点很肤浅。如果价值判断是错误的，那么大学课程中的伦理学、哲学和神学就是不可接受的——这显然是一个愚蠢的想法。正如以下案例所说明的，避免做出价值判断是不可能的。

拉乌尔·瓦伦堡（Raoul Wallenberg）是一位年轻的瑞典贵族。1944 年，他离开安全的祖国，进入布达佩斯。在接下来的一年里，他智斗纳粹，从死亡集中营中拯救了多达 10 万名犹太人（他自己不是犹太人）。1945 年，他被苏联人以间谍罪逮捕，并被关押在苏联劳改营。他无疑死在那里了。现在，如果我们把他视为英雄（有充分理由这样做），我们就是在做出一个价值判断。然而，假如我们中立地将他视为与其他人没有什么不同，我们还是做出了一个价值判断。我们在判断他既非英雄，亦非恶棍，只是普通人。

考虑另一个例子。一位 20 岁的母亲把 3 个尚幼的儿子遗弃在纽约市一个垃圾遍地的公寓里。警察在那里发现了他们，他们都快饿死了，最小的孩子蜷缩在床垫和墙之间，身上爬满了苍蝇和蟑螂，最大的孩子在 2 楼的窗台上玩耍。警方判定这位母亲失职，法院也同意。他们的判断错了吗？不。判断是不可避免的。她要么失职，要么不是。

不管判断这类道德问题有多么困难，我们必须判断它们。价值判断是社会准则的基础，也是法律制度的基础。法律的质量直接受道德判断质量的影响。一个判断黑人低人一等的社会，是不可能给予黑人平等待遇的。一个相信女性应该待在家里的社会，不太可能保证女性有平等的就业机会。

有些人接受价值判断，只要它们是在一种文化中做出的，而不是关于其他文化的。他们相信，对与错因文化而异。的确，在一种文化中不受欢迎的行为在另一种文化中可能被容忍，但这种差异的程度往往被严重夸大了。当我们首次遇到一种不熟悉的道德观时，我们倾向于把注意力集中在差异上，而忽略了相似之处。

例如，在中世纪的欧洲，动物因犯罪而受到审判，通常会被正式处决。事实上，蟑螂和其他臭虫有时被逐出教堂。听起来很荒谬，不是吗？但是，当我们深入事件的背后，就会意识到，一些行为应该受到谴责，应该受到惩罚——这种基本观点并不奇怪。例如，一个被狗咬伤的人受到了委屈，需要得到正义，这一核心理念是非常相同的。唯一的区别是我们排斥动物对自己的行为负责的观念。

那么，我们对其他时代或其他地方的道德标准进行评判是否正当合理呢？是的，如果我们经过深思熟虑后进行评判，而不是简单地得出结论：任何与我们的观点不同的东西都必然是错误的。例如，我们可以说，一种把妇女当财产对待，或者把妇女的生命看得不如男人的生命有价值的文化，是剥夺妇女人权的不道德行为。考虑以下情况。

在 19 世纪的巴西里约热内卢，一位戏剧制作人开枪打死了他的妻子，因为她坚持违背他的意愿去植物园散步。他被正式指控谋杀她，但法官驳回了指控。该制作人得意扬扬，被抬着走过大街。从其文化的道德角度来看，如果一个女人不服从她的丈夫，即使是一件相对较小的事情，也可以宽恕夺走她生命的行动。一个世纪后，这种观点几乎没有改变。1976 年，在同一个城市，一个富有的花花公子对他的情人与他人眉来眼去感到愤怒，近距离朝她的脸开了 4 枪，杀死了她。鉴于他一直在“捍卫自己的荣誉”，他只被判处两年缓刑。

仅仅因为这些事件发生在不同的文化中，我们就不去判断它们的道德性，无疑是不负责任的。很明显，在这两起案件中，男性的反应——谋杀——与女性的“冒犯”完全不成比例，因此表现出对女性人权的肆意漠视。因此，男人的反应被恰当地判定为不道德。这一判断还蕴含着另一个判断：纵容这种行为的文化犯有道德上麻木不仁的罪过。

## 道德判断的基础

应该在什么基础上做出道德判断？当然不是基于大多数人的看法——那样太靠不住了。例如，在 1976 年的里约热内卢凶杀案中，一项电台民意调查显示，90% 的受访者同意判决。希特勒曾经得到了大多数德国人民的支持。美国人民一度支持奴隶制。最近，大多数人先是反对堕胎，然后又赞成堕胎。道德判断的基础也不应该是情感、欲望或偏好。假若那样的话，我们就不得不得出这样的结论：每个强奸犯，每个杀人犯，每个抢劫犯，都在有道德地行事。良心为判断提供了一个更好的基础，但它也可能是不知情的或麻木不仁的。（毕竟，最恶毒的罪犯有时也不感到悔恨。）

道德判断最可靠的基础，也是构成大多数伦理体系的基础，是人们拥有独立于任何政府或文化而存在的权利这一原则。最基本的是，在不侵犯他人权利的前提下，受到尊重和不受干扰的权利。其他权利，如“追求幸福”，则是这一权利的延伸。

当然，基本原则本身并不足以判断复杂的道德问题，而需要额外的运作原理。以下 4 项原则在大多数伦理体系中都能找到，它们为讨论争议提供了共同基础，即使在持不同伦理观点的人之间也是如此：

第一，与他人的关系生成了各种各样的义务，除非有令人信服的理由不这样做，否则这些义务应该得到尊重。例如，有正式的协议或合同规定家庭成员的义务（父母对孩子、孩子对父母、配偶对配偶）、友谊的义务、雇主－雇员的义务，以及商业和职业的义务。

第二，某些理想能改善人的生活，帮助人们履行彼此的义务。只要有可能，这些都应该得到尊重。最重要的理想包括宽容、同情、忠诚、宽恕、和平、手足情谊、正义（给予人们应得的）和公平（不偏不倚，而不是偏袒特定的人）。

第三,一些行动的结果对人有益，而另一些行动的结果对人有害。前一种行动应该优先于后一种行动。当然，后果可能是情感上的也可能是身体上的，可能是短暂的也可能是持久的，可能是不易察觉的也可能是明显的。

第四，环境不同，对策不同。概括有它的作用，但它常常被用来代替审慎的判断。“夺走一个人的生命是错误的”作为一种普遍的道德观是有用的，但它对决定实际情况几乎没有帮助。它模糊了重要的区别。黑帮的“杀手”在完成一项合同时杀人。一名出于自卫杀死劫匪的警察也是如此。一个把真手枪当成玩具误射兄弟姐妹的小孩也是如此。但是，这 3 个行动彼此都很不一样。对争议的良好思考意味着超越概括，审视个案的详情。

为了在道德问题考察上达到某种深度，在判断上达到智慧，你必须有效地处理复杂性。两种或两种以上相互冲突的义务或理想的存在，造成了复杂性。产生多种后果的可能性也是如此，有些是有益的，有些是有害的。这里有一些简单易行的指南来处理这种复杂性：

第一，当两项或两项以上的义务相冲突时，决定哪一项是最重要的义务或哪一项是先存在的义务。

第二，当两种或两种以上的理想发生冲突时，问一下哪一种是最高或最重要的理想。

第三，如果存在多种结果，有好有坏，问一下哪一种最重大，是好效果盖过了坏结果，还是相反。

让我们考察一个实际的道德争议，看看这些考虑是如何应用的。

拉尔夫是个中年男子。年轻时，他是一名优秀运动员，他的儿子马克在成长过程中继承了父亲对体育的热情。7 年级时，马克参加了 3 项体育运动，但其中两项成绩很差。篮球是他最喜欢的运动；在这项运动上，他还算过得去，但并不出众。拉尔夫认为，只有马克得到一些帮助，他才能成为首发球员。因此，拉尔夫与校少年队和校篮球队的教练建立了友谊。他邀请他们到家里吃饭，向他们开放他的个人体育图书馆，并通过他的商业关系给他们买职业比赛的门票。

通过与教练的友谊，拉尔夫能够帮到他儿子。他经常和他们谈论马克想在篮球上出类拔萃的强烈渴望，并问他们是否介意给马克一些提高比赛水平的小窍门。教练很乐意帮助马克，他们的帮助是他们与拉尔夫友谊的表现。他们在周末向马克开放体育馆，并亲自负责培养他的技能。

不久，马克就加入了少年篮球后备队。拉尔夫抓住每一个机会，不仅提醒教练马克的奉献精神，而且指出其他球员的弱点和明显缺乏奉献精神。马克每场比赛的出场时间都超过了他的技术水平，很快他就成了球队的得分王。当他升入校队时，马克得到了进一步的特殊待遇。他几乎从来没有坐过冷板凳，即使他的球队遥遥领先；相反，他被留在场上提高他的总得分。在他毕业的时候，球队的大部分战术都是为他设计的。拉尔夫说服教练给一些大学教练写信表扬马克的表现。

拉尔夫的行为合乎道德吗？让我们应用前面讨论过的原则看一看。在这个案例中，有 3 个重要义务：拉尔夫通过教导和榜样，负责任地引导他的儿子成为男子汉的义务；拉尔夫和教练之间友谊的义务；教练帮助所有球员开发他们的潜力以及学习与体育相关的价值的义务。

应该考虑的理想是对他人需求的敏感性、公正和公平。第一个适用于拉尔夫：他本该理解其他球员（他儿子的队友）对鼓励、支持和平等机会的需求。另外两个理想，即公正和公平，适用于教练：他们本应考虑给予球队中每个球员应得的足够关注和帮助，而不是把注意力集中在一个球员身上。（当然，这并不意味着给予优秀队员特别的关注是不公平的；记住，马克一开始只是个平常的选手。）教练本该考虑公平地对待球员。他们可以做到这一点的一种方法是，在周末向所有希望练习的球员开放体育馆，而不是只对一个人开放。

最明显且最确定的结果是，马克的技术得到了提高，其他球员却因为没有同样的机会而没有得到提高。其他可能的结果是，马克的队友对教练的偏袒产生了一种怨恨和玩世不恭的感觉，马克也养成了一种态度：为了实现自己的目标而无视他人的权利和需求是可允许的，甚至是合意的。

显然，尽管拉尔夫的行动取得了一些好处（他儿子技能的发展），但它们也给许多人造成了大量伤害。最明显的是对其他球员的伤害。而且，拉尔夫的行动也导致教练将友谊置于对球员的责任之上，违背了公正和公平的理想。（当然，教练行为的主要责任在于他们自己，他们本可以抵制拉尔夫的影响。）此外，拉尔夫的行动甚至很可能伤害了他的儿子。他的儿子自私自利的品性的形成速度远远超过了其运动技能的发展速度。

按照这些考虑，我们会发现拉尔夫的行动在道德上是错误的。此外，他知道自己在做什么，并实际上计划好了这件事，这一事实使他更应该受到指责。

## 应对困境

道德争议经常引起两难。在两难情境中，有多种选择可用，但无一选择完全令人满意。这种情境令人沮丧。无论我们考虑什么选择，似乎都是错误的选择。我们告诉自己“这是不可能决定的”。对这种情况的最佳处理是记住一种清晰的策略。下述策略将帮助你摆脱困惑和犹豫不决：

第一，记住，你不必把你的选择简单地归类为好与坏。你可以用更精细的方式来看它们。要做到这一点，请问一问每个选择在以下量表中的位置：

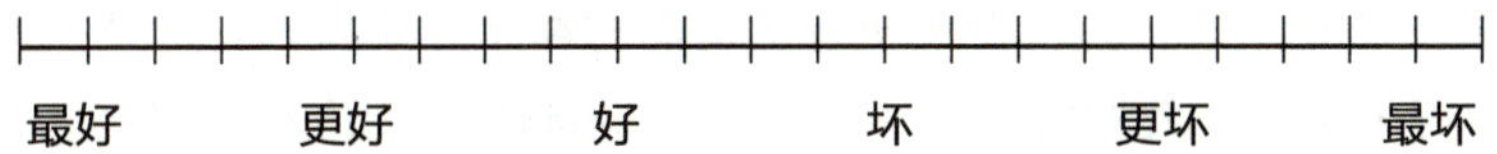


注意：这种方法将帮助你区分那些乍一看好像同样合乎道德的选择。

第二，在所有选择都好的情境中，决定哪一个更好。在没有一个选择是真正好的情况下，决定哪一个是较小的恶。

## 一个特殊的思考策略

第一章提出了一些初步的思考策略。除了它们，我们现在加上另一个策略。它适用于你对包括道德争议在内的所有争议的分析，它旨在使你的分析更深入，判断更有洞察力，对这些判断的陈述更有说服力。

这个策略聚焦于充分理解你要处理的争议。它基于这样一个原则：如果你不理解一个争议的两方（或各方），你就不理解该争议。你也许认为你理解了它，觉得你理解了它，对它有强烈的意见，并渴望将这种意见表达给别人。所有这些都意味着你理解了争议的一部分，也许是较小的部分，甚至是错误的部分！

这个策略可以简述为：除非你仔细考察并公平考虑了争议的两方（或各方），否则不要说或写这个争议。执行这一策略需要规训。它要求把你的第一印象、先入为主的观念和对该争议的先前想法放在一边，有目的地寻找你知之甚少或一无所知的各方。为了说明这是如何运作的，让我们考虑一个近年来变得越发突出的争议——政府对私人行为的监管。

假设你读到一个美国大城市的市长禁止大杯软饮料，并发起减少餐馆食物中反式脂肪和盐含量的运动。你还读到，这些行动的理由是对公众健康的关注。你的第一反应是："市长干得好。这个国家有严重的肥胖问题，显然软饮料和高脂肪、高盐食物是一些促成因素。市长的做法不仅有助于减少肥胖症，还能通过减少心脏病和其他与饮食有关疾病的发病率，从而节省纳税人的钱。"你越想这件事，你对它的感觉就越强烈。

但是，不管你多么坚持你的观点，你还是明智地决定仔细考察该争议的另一边，所以你寻找市长计划反对者的陈述。在这样做的过程中，你会获知一些有趣的事实。一个事实是，市长并不是唯一一个禁止某些事情的政府官员。在另一座城市，政府官员禁止新建快餐店，禁止在私人地产上的自动售货机出售软饮料，禁止快餐膳食中的玩具。许多城市禁止糕饼销售和柠檬水摊。一些国家不仅禁止在公共场所吸烟，还禁止在私人住宅吸烟。

你还会获知两个似乎特别欠考虑的案例：联邦政府限制白炽灯的销售，并提倡使用含有汞、可能污染垃圾填埋场的小型荧光灯；美国林务局禁止使用重型设备修复亚利桑那州墓碑镇一条严重受损的输水线，让居民只能选择使用铲子和独轮车来完成这项艰巨的工作。

最后，你会读到一篇文章，它展示了许多政府官员对公众的态度与20世纪初美国的舆论制造者的态度之间的相似之处——认为大众智力不足，不能信任他们为自己的健康和福利做决定的态度。

在对这个争议有了更多的了解后，你判定它比你最初想象的要复杂得多，尽管政府在公共卫生方面承担着重要角色，但除了在特殊情况下，这种角色严格讲应是提供咨询，换句话说，它应该提供科学信息，帮助人们做出合理的决定，而不是代替他们做决定。

在这个案例中，更多地了解反对你最初意见的看法，将有助于你形成一个更知情、更平衡、更站得住脚的意见。将这个策略用于其他争议，也会产生类似的正面效果。（在某些情况下，你最初的意见也许被证明完全正确，但在大多数情况下，你会发现修改它的好理由。）

第3章

# 拓宽视野

你注意过这种现象吗？很多人声称自己有个性，衣着和言行举止却跟别人一样。那些剃光头、弄个运动文身或把耳环戴在其他地方的人没有受到别人的影响，这可能吗？

本章我们将考虑作为一个个体意味着什么。我们还要讨论有助于增强真正的个性和发展能力的习惯。

你知道6个盲人和1个大象的故事吗？他们只能用触觉感知事物，于是靠手摸大象来了解大象。第1个摸了大象的侧面，于是认定大象像一堵墙。第2个摸了大象的鼻子，认为像一条蛇。第3个摸了尾巴，认为像一条绳子；第4个摸了耳朵，认为像一把扇子；第5个摸了腿，认为像一棵树；最后1个摸了象牙，认为像长矛。现在每个盲人脑子里都有了大象的清晰形象。但是，因为所有的形象都是基于有限的视角，所以他们对大象的认识都是错误的。

我们常常像这6个盲人一样用有限的视角认识世界。我们的视野狭小，思考因此受伤害。狭隘视角伤害我们的第一个方式（也许是最可悲的）是，限制了我们对自己潜力的看法。我们中的大部分人从来没有完全认识过自己。我们只是看到了我们是什么，从未看到我们更大的一部分：我们有能力成为什么样的人。我们从来没有认识到，我们现在的样子其实是偶然结果。

例如，我们的发展和我们成功的程度深受别人看待我们的方式的影响。在一个试验中，研究者对某个小学的学生实施了智力测试。研究者告诉教师，测试将筛选出在学习上拔尖的学生。而实际上测试并没有这样做：测试者只是随机选出学生，把他们看成是学习拔尖者。之后，研究者观察到教师对待这些学生与其他学生一样，使用相同的材料和方法。然而，年底研究者再次对学生测试时，发现挑选出来的学生获得的智商测试分数是其他学生的两倍。

什么因素导致了这样的结果？显然，是教师对这些学生形成的赏识态度。他们把这种态度不知不觉地投射给了学生。学生的自我认识因而得到了彻底改变。

如果这个试验看起来让人吃惊的话，下面这个设计相似的实验，似乎就更让人震惊了。实验员得到一项任务——教老鼠跑迷宫。他们被告知老鼠分成了两组：学得快的和学得慢的。实际上所有老鼠都一样。测试后，编在快的那组老鼠比慢的学得快。跟学校的老师一样，实验员对老鼠形成了先入为主的观念，而这些观念不仅影响了实验员对老鼠表现出的耐心、关注和鼓励，而且影响了老鼠的表现。

研究表明，混乱的、失败的和无助的反应不是天生的。它们是习得的。在一项研究中，人们被告知他们面对的问题能够解决而实际上无法解决。当努力失败时，被试的挫败感大大增加了，最终接受了自己的无能，放弃了努力。然而，这项研究的真正意义之后才出现了。当给予同样的被试能解决的问题时，他们继续表现出无力感，未经实际尝试就放弃了。

这些研究对日常生活有什么启示？对孩子的要求出尔反尔和反复无常的家长，强调学生缺点而不是优点的教师，以及忽视实际表现或贡献的教练和活动领导者，他们能夺走我们的自信，领着我们走上坏习惯的歧途，蒙蔽我们认识自己真实的潜能。

许多成功人士表现出的与众不同的特质之一是，他们拒绝依别人的评价定义自己。温斯顿·丘吉尔（Winston Churchill）被认为是一个迟钝的学生。玛莎·葛兰姆（Martha Graham）被告知，她不具备成为一个舞蹈家的身材。托马斯·爱迪生被劝退学，因为他被认为愚蠢得不可救药。后来，他找到了第一份工作——在铁路上工作，他做实验的时候点燃了一辆火车，因而被解雇。阿尔伯特·爱因斯坦的早期记录更糟糕。下面是一些细节：

- 他不仅是个不起眼的学生，而且被一个老师断言："你将什么也做不成。"
- 15 岁时，他被要求辍学。
- 他参加苏黎世联邦理工学院（Zurich Polytechnic School）的入学考试没有通过，并要求在瑞士中学学习一年才能被接收。
- 在苏黎世，他表现得很平庸，没有给教授留下深刻印象，因而被拒绝当研究生助手，没人为他推荐工作。
- 最后他在一所寄宿学校找到了一份家教的工作，但很快被解雇了。
- 在苏黎世，他提交了一篇热动力方面的论文申请博士学位。论文被拒绝了。
- 4 年以后，在伯尔尼大学他提交了自己狭义相对论的博士论文，也被拒绝了。

"等等，"你可能会说，"丘吉尔、葛兰姆、爱迪生和爱因斯坦都是非常特别的人。问题是一般人是否能够克服负面评价。"答案是肯定的。仅引用一个例子，一位教师注意到当学生在某一门课程中认为自己很笨时，他们就下意识地屈从那样的认识。他们相信自己很笨，因此就表现得很笨。教师开始改变学生的自我认识。而当那样的改变出现时，他们就不再表现得愚笨了。

这里的教训不是说合理的批评或建议应该被忽略，也不是说一个人只要有信念就一定能胜任任何领域的工作，而是说你不要低估自己，你的潜力远远超过你意识到的，这一点毋庸置疑。因此当你自己说“我永远不能做这个”或“我没有这方面的才能做那个”的时候，记住：过去不决定未来。人们所说的才能通常不过是知道了诀窍，而那是能学会的。

## 成为一个个体

所有哲学家和圣贤都告诉我们，有个性的人很稀有。令人奇怪的是，所有人实际上都认为自己是有个性的人。（想一想，你见过这样的人吗？他们承认说：“我不是有个性的人。”）如果哲学家是正确的，大部分人的自我评价就是错误的。错误的根源在于这样的假设，即拥有独特基因和独特经验就保证了个性。如果这个假设成立的话，那么没有人能成为随大流者，但是存在随大流者。因此，该假设不成立。个性不是天生的而是后天习得的。

成为有个性之人的关键是诚实和客观地看待自己。这需要勇气，因为它常常涉及要放弃一厢情愿式思维，摧毁对我们自己抱有的幻想。你缺乏个性有多么严重？我们一起来看看。从你无助地躺在婴儿床里咯咯作声开始，你就开始学习了。你能使用感觉的那一刻，印象就涌入你的大脑。在你直接接受了成百上千万的印象之后，你才能熟练解释所获取的印象。到你能够有效解释时，你已经早早习得了大量行动和反应的技能。你反复练习说话和走路，对了，还有跟你父母和兄弟姐妹一样练习的思维。

之后，你上学接受老师给你传授的信息和信念，经常模仿他们的习惯和态度。你也向你的朋友和同学学习，随着时间的推移（当同伴的接纳变得更重要时），你说的和做的许多事情，不是因为它们看起来妥当或成熟，或者因为你特别想做，而是因为你相信那些事情会赢得众人的认可。如果你像大多数人一样，那么你现在仍然选择的言语或行为至少部分程度上是受其他人想或期望你成为的样子的影响。

但是，对塑造你的态度、习惯和价值影响最大的可能不是你的父母、兄弟姐妹、同伴或朋友，很可能是流行文化。根据尼尔森市场研究公司（A. C. Nielson Group）的统计结果，普通孩子每周看电视的时间是 28 小时。这意味着从学前到高中，一个普通年轻人在电视机前花了将近 20 000 小时，而在课堂上花的时间是 11 000 小时。这还没有包括上网、玩游戏和听音乐的时间。

流行文化是如何影响人们的？通过让观者扮演旁观者的角色，电视助长人的被动性。通过印刷广告和商业广告——到人们 18 岁时大约接受 750 000 条——广告商让人变得轻信别人，把偏颇的证言当事实接受。电视通过不断切换场景和插入商业广告，阻止了观者注意力广度的发展。通过驱使自我放纵、冲动和快速满足的方式，广告削弱了自律。通过把大量的报纸版面和杂志篇幅让位于娱乐者的方式，并且为他们提供聊天节目的平台去炫耀他们的观点，媒体让人们难以辨别良莠。

与社会接触的过程——家、街坊邻里、教堂、学校等——社会学家称之为文化适应（acculturation）。实质上，它包括融入我们的文化。我们安顿下来的方式，即文化塑造我们的方式，受我们家庭的社会经济状况、宗教和政治观点以及家庭给予我们的关怀质量的强大影响。

文化适应的发生不易察觉，它会制造一种幻觉，让我们认为我们的价值、态度和观念是独立于他人与环境形成的。很多情况下，当我们说我们在思考某事物的时候，其实我们应该说："它在我里面思考（It thinks in me）。"在讲这个观点时，埃里希·弗洛姆（Erich Fromm）提到了上面的幻觉。

我们是如何被我们的独立性欺骗的，这一点不难理解。我们意识到拥有想法这一事实远比意识到我们从中接收想法的那种环境强烈得多。我们感觉和相信我们当下的体验，因而倾向于忘记它们的起源。而且，我们所思考的似乎是我们的一部分，就像我们的心跳一样。我们的思想是从别人那里借鉴来的这个观念是外来的、令人反感的，因此我们抵制它。

成为一个个体，远比声称独立更有意义。它意味着实现独立。下面的 3 步法将帮你开始获取你的个性。

第一，承认塑造了你的思维的各种影响。对自己说："我的大脑装满了别人的思想和态度，这些我都未经批判地接受了，因为我当时年轻和轻信别人。其中的许多思想和态度现在已经固化为原则与信念。然而有些无疑是错误的和无价值的。"识别你特别敬仰的或一直与你亲近的人：你的妈妈和爸爸、婶婶或叔叔、教练或老师、名人。想想他们每个人的信念和行为。准确描述他们的信念和行为如何影响了你的思想与态度。

第二，厘清和评估你的思想与态度，哪怕是你最珍视的。例如，问问自己，你的政治哲学是什么（这个问题当然不是仅仅在问“你是民主党还是共和党？”，它包括你对政府和公民恰当角色的看法），也问问你对宗教、种族、民族、婚姻、道德和法律的看法。把你的观点列个清单，将其与别人的进行比较，并根据它们的合理性而不是你与他们在一起的舒适程度去检验。

第三，当你决定了每个主题的哪个观点（政治、道德等）最佳时，就接受它。如果那意味着放弃你之前的观点，就心甘情愿地放弃。记住：只有因一个好理由而改变自己的思想时，你才更能成为一个个体。

当然，真正的个性不可能努力一次就轻易获得，甚至通过成百上千次努力可能也达不到目标。它是一项一直要进行的任务，是一生要做的功课，是所有想成为优秀思考者的人必须做的功课。

## 妨碍思考的习惯

在你努力成为更有个性的人时，设法找出干扰冷静思考的习惯。有些习惯对你自己的情境很独特，依赖于你的背景和经历。但是，有大量的习惯不同程度地给每个人带来了危害。其中最显著的值得仔细关注，它们是：我的 - 是 - 更好的（mine-is-better）习惯、保全面子、抗拒改变、随大流、刻板化和自我欺骗。

### 我的 - 是 - 更好的习惯

这种习惯很符合天性。它始于幼年时期。作为孩子，我们都会说：“我的自行车比你的好”“我爸爸比你爸爸强壮”“我妈妈比你妈妈漂亮。”我们也相信自己说的话。无论我们与什么联系起来，都是我们自身的延伸。宣称优越性是自我的一种表达。

这种习惯并未随着长大而消失。“在之后的生活中，”罗兰·杰普森（Rowland Jepson）写道，“我们倾向于认为我们成长的世界是所有可能世界中最好的，并且把帮助塑造我们的风俗和观念当成智慧与正常理智（sound sense）的最高法则，过去和之后永远难以企及。”而且，我们也把现在的理念、价值、团体和政治宗教联盟看成是最好的。

我的－是－更好的习惯无疑与人类历史一样古老。原始社会倾向于把那些与他们不同的人——外来者、罪犯、精神错乱者、有身体和情感缺陷的人、其他种族、其他宗教与其他社会阶级——当作低等生物对待。他们推断：“不属于自己部落、家族、种姓或教区的人，不是真正意义上的人；他们只是渴望或假装‘像我们一样’。”这就像有些文化所做的那样，离判定这些“异己分子”、低于人类的人不能享有人权，仅有一步之遥。

这样的观点令我们感到震惊，可是我的－是－更好的习惯导致相似的思考和行为，如果说不是那么极端的话。如果一个朋友提出要改变，我们就称他为改革者；如果一个敌人提出要改变，我们就称他为麻烦制造者或狂热分子。同样，叛徒和背叛者、邪教和宗教教派、政客和政治家的区别，取决于这个人或对象离我们和我们的观点有多近。

我的－是－更好的习惯阻碍了我们的思考。它毁掉了客观性，让我们宁愿选择自鸣得意的错误，也不愿面对令人不快的现实。如果想成为一个优秀思考者，你必须学会控制这种习惯，并且让你的自我不要干扰你探寻真理。

## 保全面子

与我的 - 是 - 更好的习惯一样，保全面子也源于我们的自我的天然倾向。与我的 - 是 - 更好的不同，它出现在我们说的事情或做的事情之后，这些事情威胁我们的自我形象或他人眼里对我们构建的形象。心理学家称保全面子是一种防御机制（defense mechanism），意即它是我们用来保护我们形象的策略。

一种常见的保全面子的形式是大部分孩子和许多大人常常使用的借口："这不是我的错——他（或她）让我做的——我别无选择。"这个借口，尽管是思考的障碍，但至少有一点值得称道，承认出现了错误或不愿发生的事情。不诚实在于把矛头指向了别人。

一种更危险的保全面子的形式被称为合理化（rationalization）。合理化是一种不诚实的推理替代物，据此我们开始"为我们的观点辩护而不是去发现所关注的事物的真相"。比方说，你是一个烟瘾很重的人。当越来越多的证据把抽烟和严重疾病关联在一起时，你开始意识到抽烟习惯危害你的健康。你觉得自己是个傻瓜，但是你不承认吸烟有害或者至少检查一下证据看看是否有效。相反，你却说，"反对抽烟的案例不能得出确定的结论"以及"抽烟给我带来的松弛感多于它给我带来的小小危害"。这就是合理化。

尽管合理化有时与诚实的推理相似，但有一种区分二者的简单方法。如果你的信念跟随证据，你就是在推理——如果你先审查证据，然后下定决心。如果你的证据跟随你的信念，你就是在合理化——你先决定相信什么，然后选择和解释证明它的证据。

罗兰·杰普森有效概括了保全面子的过程及其对思考的影响：

> 我们一旦采纳了一种意见，我们的自尊心使我们（不愿

意）承认我们是错的。当反对意见出现时，我们考虑更多的是找到与之斗争的方法，而不是关心这些不同意见里包含多少真理或道理；我们宁可煞费苦心地寻找支持我们观点的新证据，也不愿坦诚面对任何似乎与之相悖的新事实。我们都知道指出我们的错误是多么容易恼怒的事情；我们的第一种感受是我们愿意付出任何代价也不愿承认它，我们的第一个想法是“我如何能把它解释清楚？”。

控制你保留面子的倾向，要警惕你的自我受到威胁的情形；而且要记住这条谚语：一个人犯了错又拒绝认错就是错上加错。

## 抗拒改变

抗拒改变是拒绝接受新思想和新见解，或没有公正地审视它们就加以拒绝的倾向。自古以来它一直是对创造力反复出现的反应。当伽利略提出太阳而不是地球是太阳系的中心时，他差点丢命。犁、伞、汽车和飞机的发明者受到嘲讽，就像那些首次建议手术中使用麻药、采用尸检的方式来确定死因，以及扩大妇女的选举权的人受到嘲讽一样。甚至终止使用童工，现在我们认为很合理，开始时也遭到嘲笑：批评者称之为企图把孩子国有化。

导致抗拒改变倾向的一个原因是简单的懒惰。习惯了一种做事情的方式之后，我们憎恶被要求用另一种方式看待它；这样做打破了我们的常规。另一个原因是过于在乎传统。我们相信老办法是最好的办法，因为我们的父母和祖辈用过它们。新思想和新方法对我们的祖先似乎是一种冒犯。

可是，什么是真正的传统？它是最好的看和做的方式吗？

有些情况下肯定是。有些情况下，它更像是山姆·沃尔特·福斯（Sam Walter Foss）诗里中描述的小路：

一天一头小牛穿过原始森林
像其他小牛一样走到了家里
但踩下了一条歪歪斜斜的小径
如所有小牛踩出的一样弯曲
从此 300 年飞逝
我推断小牛已经死去
但它留下的弯曲足迹
讲述着我的道德故事
第二天一只孤独的小狗
踩上了小牛踩过的印迹
一只聪明的头羊
翻山越岭寻到了小径
穿过那片古老的森林
小牛的踪迹变成了小路
人们出没于林中
躲闪、转弯又屈身
愤愤不平、怨声载道
因为小路太难行
但是他们继续前行——不要笑
那头小牛带来的首批移民
追随着这条蜿蜒曲折的小径
因为当时的小牛足下摇摆不定

林中小径变成了一条小巷
弯来绕去无止境
这条小巷变成了一条路
可怜的马群载着货物
烈日下跋涉在路途中
一天行走约 3 英里
一个半世纪后
它们踩着那头小牛的足迹
时光如白驹过隙
那条路变成了村子里的街道
没等人们明白过来
街道就成了拥挤的要道
很快又成了著名都市的中心街道
两个半世纪后的人们
踩着那头小牛的足迹
每天成千上万的人
跟随着这条弯曲的牛道
连接大陆的车辆
行驶在它弯曲的道上
成千上万的人被一头
死了 3 个世纪的小牛带领
他们仍然跟随它扭曲的步伐
行一日要用 100 年
如此敬意
献给确立的先例

在有些传统完全是“确立的先例”（well-established precedent），或者完全是跟随前人走过的步伐的情境中，相比于开辟新道路，走老路对我们的祖先更是一种羞辱。

另外一种抗拒改变的原因是畏惧。我们每个人都已形成了自己的思考和行为习惯。这些习惯，就像穿惯的旧鞋子，给我们舒适感。想到要换成新的就感到害怕：“那样的话我该如何应对日常琐事？”我们的想象力会想出成百种忧虑，它们进而又都被无名的不确定性放大和强化。因此我们选择抵制新东西而不是欢迎它。有时，为了避免羞愧，我们假装自己真的很有尊严，按照原则行事。

不幸的是，如果我们抗拒改变，我们就是在排斥发现、发明、创造、进步。毕竟，所有这些最早都是以新想法的方式问世的。抗拒改变是让我们的大脑把我们自己最好和最有价值的想法拒之门外。

向改变敞开大门不是指不加批判地拥抱每一种想法；许多新想法经过检验被证明是没有价值的或不切实际的。更确切地说，它指的是，愿意通过长时间的悬置判断，给新想法一个公平证明自己的机会，不管这个想法看起来多么奇怪。

### 随大流

不是所有的从众行为都是坏的。我们把信件投入正确的邮箱，接电话时说“你好”而不是“再见”，努力拼写正确而不是违背语法规则，以及开车时看到红灯停下来。这些行为和成千上万诸如此类的行为，是合乎情理的随大流。如果在这些事情上我们试图违背，就会浪费很多宝贵时间，给周围人带来困扰和不快，或者给我们自己和他人带来威胁。

有害的随大流行为是，为了加入某一群体或避免与众不同的风险，我们不假思索就做了。这种随大流是胆小懦弱的行为，是为了不太有价值的事情牺牲了独立性的行为。迟早，它会让我们越来越在意别人的看法而不是在意什么是对的、真的和理智的。一旦我们开始随大流，我们很快就会发现，我们所言与所行并不是我们所相信的最好的，而是我们相信别人想让我们或期望我们说和做的。聚焦于别人的看法，让我们的创造性思维和批判性思维能力黯淡无光。

避免随大流并不总是件易事。我们的朋友、家人和同事会给我们相当大的压力。当群体固执己见时，说出“我不同意”或“那是错误的”需要勇气。如果你尝试说了，你知道遭受自己是叛徒的白眼会多么痛苦。这解释了为什么许多人一次又一次地让步直到他们彻底放弃了自己的个性。一个被广泛重复的实验戏剧性地证明了这种投降的过程。实验涉及两个对象，他们被告知要参加一项记忆力测试。一个扮演老师的角色，一个扮演学生的角色。当学生给出错误答案时，老师会发出电击。电击力度随着错误答案的增加而增强。

当然，这个情景是假的。其实根本没有电击，“学生”实际上是个演员，被实验要求假装说有心脏病，恳求“老师”停止电击，甚至说心口疼。当电击力度最大时，他不吭声了，因为他在另一个房间，“老师”一定认为他可能被电击死了。

实验的结果如何？足足有 65% 的“老师”把电击用到了最强水平。大部分对实验人员提出抗议，说他们不想给学生施加痛苦，但当实验人员坚持让他们做时，他们听从了。

在那样的实验中我们可能会有不同的行为表现，也可能没有。

不管什么情况，随大流效应就在我们周围。亚伯拉罕·马斯洛（Abraham Maslow）注意到：

> 太多的人不是自己做主，而是让推销员、广告商、父母、宣传家、电视、报纸等替他们做主。他们是被别人操控的棋子，而不是具备自主能力的个体。因此他们容易感到无助和无力，以至于完全被决定；他们是猎人的猎物、软弱的抱怨者，而不是能自主做决定的人。

拒绝相信别人与做出别人那样的行为，为了不同而不同，用这种方式反对随大流将是错误的。这与不思考的随大流别无二致。对抗随大流的正确方法是自己思考，不要担心有多少人同意你的观点。

### 刻板化

刻板化是一种极端的概括。概括按照包含的共同元素，对人、地方和思想进行分类。因此，我们会说大部分篮球运动员个子高，医生领取执照正式从业之前都有多年的学习经历，本田思域汽车（Honda Civics）比雪佛兰科尔维特汽车（Corvettes）省油。这些是公平合理的概括。超出合理边界的概括被称为过度概化（overgeneralizations）。比如，城里人没乡下人友善、运动员文化课不好这样的信念，就是过度概化。

刻板化是比过度概化更深层、更严重的问题。刻板印象是一种固定的、随意的、非理性维护的概括。沃尔特·李普曼（Walter Lippmann）这样解释：

> 刻板印象承载着偏爱，充斥着喜好或厌恶，黏附着恐惧、欲望、强烈的愿望、骄傲和希望。任何引起刻板印象的东西都被断定带有适当的情绪。除了我们故意使偏见悬而未决，我们不对一个人研究就说他是坏人。我们看到一个坏人，我们看到一个……神圣的牧师，一个没有幽默感的英国人、一个无忧无虑的波希米亚人、一个懒惰的印度人、一个狡猾的东方人、一个做梦的斯拉夫人、一个无常的爱尔兰人、一个贪婪的犹太人、一个百分百的美国人……这样的判断没有公正，也没有怜悯和实情，因为判断先于证据。

最常见的刻板印象是种族的、宗教的和民族的。存在黑人的、宗教激进主义的基督教徒和意大利人的刻板印象。也存在许多其他的刻板印象，虽不是最常见的，却是最牢固的——比如，对同性恋的刻板印象，对神职人员、大学辍学者、女性主义者、男性沙文主义者、纽约市民、单身俱乐部成员、母性的刻板印象等，甚至对上帝的刻板印象。

刻板化为思想搭建了一个干净的精神仓库。每样东西都有自己的储藏柜。没有比较、分类、掂量或选择，只是储藏在那里。每样东西都是预先安排、预先确定和预先判断的。因此，刻板化阻碍心智的动态活动，把生活的无限多样性、我们周围多姿多彩的人和环境，强行塞进一个现成的类别中。

许多人发现克服刻板印象很困难，因为他们倾向于把它们当成对世界的准确描述，甚至当成深刻的理解。然而，努力揭露它们很重要，因为它们扭曲了我们对实在的认识。

## 自我欺骗

有一次，一个男孩跟几个朋友一起去钓鱼。有人建议无论钓到什么鱼，他们都一起分享。这似乎是个合理的想法，因此这个男孩答应了。接着，时间慢慢过去了，他钓的鱼比朋友都多，这时他的态度开始改变了。到一天要结束时，他开始强烈反对之前说好的分鱼方法，并且大声论证了自己的观点——垂钓高手不应该为垂钓者的无能受到惩罚。

那个男孩参与了诱惑我们所有人的多种自我欺骗中的一种。"一种最干扰人类心智的习惯，"凯瑟琳·安·波特（Katherine Anne Porter）评论说，"是故意和破坏性的忘记过去任何不讨好或不证实当下观点的习惯。"

我的一个同事经常让学生做这个练习以开始他的非形式逻辑课："想一想你在高中时最憎恶的男孩或女孩。用几句话解释你为什么憎恶他 / 她。"他看了无数学生的答案，发现绝大多数回答是，"那个家伙的……习惯很可怕"或者"那个女孩缺乏……"。10 个人有一两个会说："我嫉妒（或者不成熟，缺乏安全感）。"换句话说，任何憎恶显然是他人的过错而非自己的过错。相似类型的自我欺骗出现在学生考了低分时，这个结果是由于缺课、没有交作业，或者考试前拒绝复习造成的，他们却指控老师不公正或存有偏见。

有严重病症（如癌症）的人，自己撒谎说病不严重，不需要看医生。许多离婚的人编造欺骗自己婚姻失败的理由。多数酗酒者欺骗自己对酒精的依赖，"我什么时候想戒就一定能戒掉"是常见的谎言。大部分吸食大麻者或瘾君子欺骗他们自己说，是因为他们想吸，而不是把它当成一种逃避不愉快经历和挫折的手段。

如果他们吸得厉害，他们也会说服自己不是精力快耗干了，甚至当症状——失忆、无力、混乱等——对身边的每个人都明显时。

除此之外，许多人对自己的能力自我欺骗，他们先在别人面前假装有知识，然后渐渐相信自己假装的样子。埃德温·L. 克拉克（Edwin L. Clarke）这样描述他们的行为：

> 例如，有些人会认为，建议一个工程师如何设计一个简单涵洞完全是自以为是，但在谈到如葡萄牙移民或者理想货币的本质这些更为复杂的问题时，他们会毫不犹豫带着权威人士的范儿说话，而他们关于这些主题的知识非常肤浅，而且常常来自不准确和有偏见的来源。

成为一个优秀思考者，你必须能够诚实地决定你需要什么样的信息去解决问题，接着，获取信息之后，公正地评估它。只有你学会对自己诚实你才能做这些事情。

所有 6 个阻碍思考的习惯——我的－是－更好的习惯、保全面子、抗拒改变、随大流、刻板化和自我欺骗——可能变得根深蒂固，因此难以克服。然而，只要有足够的动力，付出足够的努力，它们就都能被克服。下面这部分阐明如何克服它们。

## 克服坏习惯

克服坏习惯的关键是，首先审视你对问题和争议的第一印象，尤其是强势的人在没有审查证据或权衡竞争论证之前敦促你迅速选择立场。通过仔细审视这样的印象，你就经常能够确定，那个特定的、糟糕的习惯——例如，抗拒改变或刻板化——在干扰你的思考。

马尔文和玛莎读了同一篇杂志文章，文章讨论的是一本关于死后生命的科学书。文章解释说，此书是一项关于116人濒死体验以及随后他们的记忆的研究，在某些情形中，他们的记忆浮出身体，穿过黑暗的隧道，朝光明处飘去。该书还指出，作者是名医学教授，他是作为一个怀疑论者开始此项研究的，并且完全用科学的方法进行调查。最后，它强调，尽管作者本人相信人死后有生命，但他既不声称他的研究证明了这种现象，也不提供支持任何宗教观点的发现。

马尔文开始读这篇文章时，心里产生一种强烈的感觉："这正是人死后还有生命的证据，正是我们需要向怀疑论者、怀疑者和那些不相信的人说明的证据。"因为马尔文没有对证据进行审查就相信了自己的感觉，他没有意识到他的判断罩上了我的－是－更好的、刻板化和随大流的思考习惯。那天晚些时候，马尔文在小吃店里的言论被别人听到了：他宣称这本书的作者是他的宗教头领，那个"整个科学共同体"现在已经"承认"马尔文的死后有生命的观点"确定无疑是真的"。

玛莎在读这篇文章时，心里产生了一种非常不同但一样强烈的感觉："这纯粹是无脑宗教骗子的一派胡言，这些人没有能力面对湮灭的实在。"她无疑也向感觉屈服了，因此没有意识到犯了同样的错误：我的－是－更好的、刻板化和随大流。第二天午餐时，她告诉朋友，那本书没有一点价值，是一本给人洗脑的"可悲的尝试"。

马尔文和玛莎的自我欺骗看起来很可笑，其实也很悲哀。因为他们没有意识到这一点，每个人都没有从阅读中获益，都停留在自我奉承的无知中，而不是学习和成长中。他们每个人的阅读行为就是亨肖·沃德（Henshaw Ward）所说的“悦而信”（thobbing）式思维和评估证据的方法。这个术语是由 3 个部分组合起来的：th 代表 thinking，o 代表 opinion，b 代表 believing。无论何时，只要人们认为观点取悦自己并相信它，他们就是在“悦而信”。

防止“悦而信”的最佳方法是发展对你的思维的思考（thinking about your thinking，这种活动的正式名称是元认知）。更具体地说，要意识到你对问题和争议的最初印象，尤其是那些促使你没有审视或权衡竞争观点就立刻做出立场选择的印象。当这种感觉产生时，控制它们而不是屈从它们，并且强迫自己客观一点。

第4章

# 批判性阅读、倾听和观看

你也许在想:“这一章不适合我。我可以毫不费力地理解我所阅读、听到和看到的信息。”但是,这一章不是关于基础理解的,而是关于分析和评估你接收的信息并决定它们是否值得接受的。很可能对于这种阅读、倾听和观看的方法,你还没有多少训练。

在本章中,你将学习分析和评估信息的具体策略。

不久前，在网上搜索时，我看到了文章引用的一条文献，描述“防熊喷雾”。它是由一个受到灰熊攻击的幸存者发明的，用于防御熊、狮子和麋鹿的攻击。制造商承诺它具有“迅速起效且具强有力阻退的力量”。我想如果去深林里露营，带足了那个东西一定会觉得很安全。

接着，我的目光停在了对我搜索请求的下一条回应上。它写道：“研究者说，驱虫剂招惹熊。”这激发了我的好奇心，去读了新闻报道。如果喷雾剂喷到熊的脸上似乎确实能阻止熊的攻击，但如果喷到衣服上、露营设备上或露营设备周围的地面上，它就会起相反作用（opposite effect）。一个露营者在帐篷周围喷了它，很快会被一群棕熊包围。一名飞行员在（水上）飞机的浮筒上喷了它，回来时发现浮筒被咬得稀烂。

那次经历的教训是，不要全信你读到、听到或看到的一切。不幸的是，许多人从来没有吸取这个教训。他们错误地假定，如果某些东西发表了或播出了，就一定是真的。现实中，甚至诚实和善意的沟通者也出错；不完美是人类不可避免的一部分。

被所写或所播的信息误导，不总是与被一群野兽也许是一群饥饿的熊造访有一样的戏剧性后果，但同样真实。每天人们因不加批判地接受他们所读、所听或所看到的，导致健康受损、投资惨败、频繁调换工作，或者婚姻受到危害。防止这些不幸的最安全的方法是发展批判性评估习惯。

## 定义批判性评估

批判性评估[①] 是主动地、周到细致地检视你所读、所听和所看到的，它与被动接受截然相反。这种评估使用的判断标准不是作者的观点与你的多相近，而是它是否准确和合理。因此，那些批判地评估讯息的人比其他人更不易被欺骗和操控。

我们的时代不是第一个意识到批判性评估重要性的时代。大约 400 年前，弗朗西斯·培根（Francis Bacon）对不当阅读危险提出了警告。他建议人们不要不加批判地质疑或接受作者的观点，而是要对之“权衡和思考”。19 世纪时，英国政治家埃德蒙·伯克（Edmund Burke）用更加形象化的术语表达了同样的观点：“没有反思的阅读就像没有消化的进食。”20 世纪的一位学者进一步阐释这个观点：

> 关于有效阅读的实质和提高阅读效果的一个主要观点是：阅读是推理。当你真正阅读时，你不只是在吸收。你不是自动把眼睛所看到的那一页上的内容，转移到你的大脑里。你看到的内容开始启动你的大脑去工作，核对、批评、解释、质疑、理解、比较。这个过程运行得好，你就读得有效；运行得差，你就读得糟糕。

① critical 这个词还有“挑毛病”的意思，但这里不是指挑毛病，不要混淆。

加以扩展，培根和伯克关于阅读的观察也适用于听和看。（不过他们在观察时，电影、电视和互联网还没有出现。）当然，他们描述的剧烈脑力活动并非每项阅读任务都需要。看一张公交车时刻表或一张菜单，实际上不需要任何反思；读百科全书的条目、轻松的小说或看电视上的天气预报，相对来说不需要太多评估。当信息是旨在说服别人，要将一个观点或意见呈现得比其他的更有道理时，它与批判性评估最相关，批判性评估必不可少。说服性沟通出现在每一门学科里——从政治、心理学、金融、宗教、流行文化和商业管理到体育、国际象棋，甚至园艺。尽管说服性沟通常常与社论、议论文（opinion essays）、写给编辑的信联系在一起，但它也出现在电视脱口秀节目、广告、博客，甚至新闻报道和教科书中。不论出现在哪里，你都面临批判地评估信息的挑战。

## 做出重要区分

批判性评估的基本要求是做出区分。以下是最重要的和最经常被忽视的区分：

### 区分人与思想

假如一句话以“阿道夫·希特勒说……”开始，另一句话以“富兰克林·德拉诺·罗斯福说……”开始，你对有这样不同开头的句子有非常不同的反应。对于第一句，你甚至不能继续读下去。至少，你会带着极大的怀疑去读，而且随时会拒绝句子所说的。这一点也不奇怪。你对希特勒和罗斯福有所了解，撇开已知的信息很难。从某种意义上说，你不应该把它撇开。然而，从另一种意义上说，你要成为优秀思考者就必须把它撇开。毕竟，甚至疯子也会有好主意，而天才有时也会出错。

如果你倾向于基于某一思想的表达者是谁而接受或排斥该思想，不对这种倾向加以控制，你对所读、所听和所看到的一切的分析就一定是扭曲的。你将根据表达者是否属于你的种族、信仰、政治面貌去判断论证。其结果是，你将拥抱垃圾而抛弃智慧。与亚里士多德同时代的人告诉我们，他的腿很细，眼睛很小，喜欢穿戴显眼的衣服和珠宝，而且头发梳得一丝不苟。不难想象，一些无知的雅典人会给他的朋友嘟囔着相当于古希腊语的“不要理会亚里士多德说的话——他是个窝囊废”。

为了防止混淆人与思想，要注意你对人的反应，并试着弥补这些反应。也就是说，对你倾向于讨厌的人，多点倾听；对你倾向于喜欢的人，多点批评。你可以随意严厉评判论证，但只是评判论证的是非曲直。

## 区分喜好的问题与判断的问题

在第 2 章，我们了解到有两大类意见：喜好和判断。它们非常不同。对于喜好问题，我们可以在不予辩护的情况下表达我们的个人偏好。然而，对于判断问题，我们有提供证据（为我们的观点提供依据的支持性材料）的义务。只有当证据在质量和数量上足以消除所有的合理怀疑，并建立确实性（certainty）时，它才能称之为明证（proof）。证据也许采取多种形式，突出的有事实细节、统计、事例、传闻、引用、比较或描述。

许多人混淆喜好和判断。他们相信，持有一个意见的权利是意见正确性的一种保证。这种混淆经常引起他们为需要提供支持的观点给出不充分的支持（或者根本没有支持）。例如，他们表达对诸如堕胎、死刑、学校里讲授进化论、安乐死、雇佣方面的歧视和有关强奸的法律等有争论争议的判断，但将它们表达成了好像是喜好的问题而不是判断的问题。

记住，每当有人对某一争议的真理或某一行动的智慧提出看法时——无论何时有人表达一个判断时——作为一个批判性思考者，你不仅有权利也有责任依证据去判断该看法。成为一名审慎的思考者，你必须这样做。

## 区分事实与解释

事实是确定知道的事，是可客观证实的（verifiable），或者是显而易见的（demonstrable）。解释（interpretation）是对意思或意义的说明。通常，事实和解释是如此交织在一起以至于我们难以确定一个结束而另一个开始之处。下面是二者交织在一起的一个例子：

> 贫穷导致犯罪吗？根据詹姆斯·Q.威尔逊（James Q. Wilson）和理查德·赫恩斯坦（Richard Herrnstein）的研究，“20世纪60年代，旧金山的一个社区收入最低，失业率最高，年收入低于4000美元的家庭比例最高，教育成就最少，肺结核患者的比例最高，低于标准的住房比例最高……那个社区叫中国城。然而，1965年，在整个（强调是新加的）加州，只有5个有中国血统的人进了监狱”。

这个段落呈现的是从别人的研究中获取的事实。

马萨诸塞州的罗克斯伯里（Roxbury），以黑人和贫困人口为主的居住地区；毗邻南波士顿，以白人和贫困人口为主的居住地区。两个地方单亲家庭所占的百分比一样，公共住房占人口的百分比一样。然而，在黑人居住区的罗克斯伯里，暴力犯罪是南波士顿的 4 倍。如果贫穷导致了犯罪，人会期望数字更接近相等。

这个段落的前 3 句是事实陈述，最后一句是作者的解释。

不，这个公式更可能是反过来的：犯罪导致贫穷。犯罪越多的地方，商人在那里做生意的动机越低。店主必须向顾客收取更多的费用以抵销偷窃和更高保险费造成的损失。房主、公寓房居住者和商人付出更高的安全代价，以与一直存在的偷窃或暴力犯罪做斗争。这使社区变得贫穷。

这一整段是作者对前几段呈现的事实的解释。

不能区别事实和解释的危险是，你会不加批判地尊重那些应该被质疑且应与其他观点做对比的陈述。如果混淆二者的习惯足够强大，它就会麻痹你的批判性意识。

## 区分字面陈述与反讽性陈述

并不是每句话都要按字面意思去理解。有时，作家通过反其道而行之来表达观点，也就是说，通过反讽或讽刺来表达观点。例如，假设你在阅读中遇到这样一段话：

> 国会为富人减税多于为工人阶级减税是正确的。毕竟，富人不仅要向国库缴纳更多税款，还要维持更高的生活水平。如果大豆价格上涨，那么鱼子酱的价格也会上涨；如果地铁票价上涨，那么一辆劳斯莱斯和一架利尔喷气式飞机的维护成本也会上涨。如果政府能倾听失业者的小小牢骚和抱怨，那它当然应该对富人的困境做出回应。

从表面上看，这当然像是代表富人的诉求。但仔细一看，这将被视为对这一诉求的嘲弄。诚然，其中的线索很微妙，但不可否认：提到了更高的生活水平，比较乘坐劳斯莱斯或喷气式飞机与乘坐地铁，提及了富人的“困境”。这种半开玩笑的写作方式可能更尖刻，因此比直接攻击更有效。然而，你必须对微妙之处保持警惕，不要误读它，否则你收到的讯息将与被表达的讯息非常不同。

### 区分思想的有效性与思想表达的质量

一个想法的表达方式能影响人的反应。这就是为什么像希特勒这样的疯狂领袖甚至在聪明和负责任的人群中也很受欢迎，也是为什么邪教领袖的追随者会杀死他们的孩子并自杀。慷慨激昂、雄辩有力的表达，往往会激起有利的回应，而毫无生气、口齿不清、充满错误的表达，则会引发不利的反应。比较下面两个段落：

第一，对有些人很好，对另一些不好，不对。如果一个人不一视同仁对待人，他就不是真正的人。

第二，要在充满竞争的世界中取得成功，你必须敬重成功的第一原则：善待那些对你有用处的人，忽视其他人。

第1个段落看起来没有第2个吸引人。但是，第1个段落包含一个大部分哲学家强烈赞同的思想，而第 2 个段落包含的思想是大部分人斥责的。审慎的思考者能够正确评价这两段话，因为他们知道哪种表达具有欺骗性。审慎的思考者在判断之前，特别努力把形式和内容分开。因此，他们能够说，“这个想法表达得不好但意义深远”和“这个想法表达得好但浅薄”。

## 区分语言与实在

语言是我们理解实在以及把那样的理解传达给别人的主要手段。词语是如此自然地出现、如此密切地与它们所表征的事物相关联，以至于我们不知不觉中就把它们当成了实在的同义词。这可能是一个代价高昂的错误。一个人的语言随着理解力和观察力的发展而发展，因为没有一个群体对实在的所有维度都有同样的洞察力，没有语言完美地适合表达所有实在。例如，因纽特人（Inuits）有许多表达雪的词，每一个词表示一种特定的雪（重而湿与轻而软，小而细与大而密，等等），所以，他们说到雪时，比讲英语国家的人精确得多。类似地，古希腊人有大量关于爱的词，每个词代表不同类型的爱（上帝之爱，家人之爱，浪漫的爱或性爱，等等），而我们要求我们的爱这个词承载过多的负担，因而造成了我们话语的混乱。

自我（self）一词是另一个被赋予了超出其承载能力之含义的好例子。我们说，“我强迫自己忍住了 3 层巧克力松露蛋糕的诱惑”“在进入另一段关系之前，你确实应该给自己一个机会，忘掉一段糟糕的关系”，以及“比尔这些天不是他自己了”。在每一个这样的结构中，似乎有两个不同的自我：在第 1 个里，是控制的自我和被控制的自我；在第 2 个里，是给予者的自我和接受者的自我；在第 3 个里，是比尔和非比尔。如同佩姬·罗森塔尔（Peggy Rosenthal）表明的，难题不局限于非正式的、日常的表达，也出现在心理学话语中：

> 一件似乎经常萦绕在（心理学方面作家）心头的事是，自我是某种目标。但是，目标的种类不同。它可以听起来像是寻宝游戏（熟悉的“发现自我”），一个旅程（“一个漫长的取得自我人格的旅程”），一种植物（“自我的成熟”），或者一个模糊的亚里士多德的过程（“自我－实现是实现一个自我”）。有时，尽管自我似乎不是目标却自带目标：“（成熟的）自我在表达……它的意图和目标。”……（它甚至可能是）一种气球，有随心情变化膨胀和收缩这样的情况：“心情好的时候自我变大”而“绝望时我的自我感减弱”。

罗森塔尔注意到有些作家把自我和自我感互换使用。“但是，怎么可能是这样？”她问道，“对事物的感知或理解能与事物本身等同吗？”她指出，最严重的混淆出现在卡尔·罗杰斯（Carl Rogers）所写的一段话里，他用自我指“同一个句子里的思考主体和思考对象”。

假如我们不是有一个词而是有半打词，每个词指称实在的一个方面，那么自我的实在将会同样复杂，但我们的话语一定会更加清晰，我们可能会更深刻和准确地理解那个实在。无论如何，记住语言和实在的区别将有助于你以适当的谨慎和谦逊来对待你的思考与沟通。

## 批判性阅读策略

关于批判性评估的重要区别就讲这么多。现在我们讨论一种有 5 个步骤的批判性阅读策略：略读（skim）、反思（reflect）、阅读（read）、评估（evaluate）和表达你的判断（express your judgement）。我们将依次考察。（批判性倾听和批判性观看策略将在本章稍后讨论。）

### 第 1 步：略读

略读的意思是浏览一本书或一篇文章以便获取大意。一般情况下，略读一本书应该花 15~20 分钟，一篇文章花 5~10 分钟。有效的略读不仅会让你的阅读更加容易和有效，也会节省时间，免去重读整个材料或部分材料的麻烦。

你在略读后应该回答这些疑问：作者写的争议是什么？作者对这个争议的立场是什么？这本书或文章主要有几部分（子话题）？作者提供了多少支持自己的观点的证据？什么类型的证据？

对于书，略读前言或陈述作者写作目的和基本信息的引言；代表内容分类和顺序的目录；一两章开头和结尾之处，了解作者是否提供了预告或小结（如果提供了，略读每章的预告或小结）；尾注和参考文献，了解本书有多么充分的证据，作者使用了哪些类型的来源。如果时间允许，略读整个结论章，了解作者做出的判断或建议，有时最后一章会总结书里呈现的主要论证。

对于文章和论文，略读引言、每部分的标题、每个标题下的第 1 段和结论。

## 第 2 步：反思

问问自己：我对这个主题有什么想法？这些想法可能会生成赞成或反对作者观点的偏见，并阻止给予它公正的倾听吗？

偏见会以两种方式中的一种出现。比较明显的是，仔细思考了争议，考虑了相反观点，并且决定了证据支持更好的一个观点。这个过程一点也不可耻，反而值得称赞——毕竟，思考的目的是形成结论。但是，基于我们对作者陈述的另一个先前的结论去预判作者的某个陈述，这样做公平吗？不。我们正在读的作品，其作者现在可能有令人信服的新证据，或者可能揭露我们思维中的一个错误。我们能确定的唯一方法是，搁置我们的先验结论，花足够长的时间公正地阅读。

另一种偏见出现的方式更为微妙，事实上我们可能没有觉察它。我们有很多不是自己形成的观点，它们溜进我们的大脑，我们没有在意它们。这些观点包括我们在成长中父母和老师说的话，脱口秀节目上的人或电影中的人物的陈述，直觉和假设。这些观点中有许多无疑已经消失了，但另外一些——特别是那些我们不断重复的和受欢迎的观点——仍然存在，并且能影响我们的思考。这些不断重复的观点可以变得如此熟悉和令人感到舒适，以至于我们倾向于为它们辩护，尽管我们从未评估过它们。由于这个缘故，在真正的意义上，它们不是我们的观点。因为这种偏见既是潜意识的又是非理性的，它会比明显的偏见引发更大的问题。

反思的目的是要更加清楚地知道这两种偏见，在接下来的步骤中控制它们。

## 第 3 步：阅读

如果你的略读完成得好，这一步将相对容易。你已经知道作者在说什么，你也了解了作者的要点的表达顺序与提出的证据的种类和数量。现在你的任务是深化和完善你的理解。仔细阅读整个作品，最好一气呵成。阅读时拿着笔，画出最重要的句子。尽量把画出的句子限定在每几段 1 个。在合适之处，将你的疑问和思考填写在空白处。

对于一本书或一篇长文，概述（summarize）你读的内容是个好主意。要做到这一点，回看你标记出的重要句子，合并两个或更多重要句子，只要不影响意思。接下来，用完整的句子写出摘要，尽量保留原来的词语和呈现的顺序，以避免歪曲原意。然后用自己的话，简要记下作者提供的证据。不要像作者那样详述证据，否则你的概述太长而无用。

如果你做了有效概述，你现在就应该有一个原作的简要版本，它的内容忠实原文而且更容易分析。用这种方式能将整本书缩减到几个段落；杂志上的一整篇文章，能缩减到七八句或更少。但是，无论何时做概述，警惕曲解和过度简化的危险。因作者没有说过的话而批评作者，不仅不公平，而且毫无意义。

## 第 4 步：评估

开始仔细阅读你的概述以便领会作者的要点与就每一点给出的证据。然后问答下面的问题（注意：有些问题将要求你重新审视作品本身，而不仅仅是你做出的概述。在这种情况下，你的概述将帮你决定看哪一章或哪一部分）：

作者的术语有任何含混或歧义（有不止一个意思）吗？这种

情况下，你要确定所隐含的意思。

作者用充满感情的语言替代证据了吗？骚扰、恐怖主义、强奸、审查制度、多样化、多元文化、人权、家庭价值、正义、授权、自由、放纵和选择，像这样的词是倾向于引起情绪反应的词。有说服力的写作方式会激发我们的情感与思维，但是当它让我们感觉而不是思考时，它是不诚实的。

作者的证据与争议相关吗？无论证据可能多么全面和权威，如果它与讨论的争议没有关系，它就不值得考虑。

作者遗漏了任何重要的证据了吗？论证的弱点就经常在于作者没有说的地方。例如，假设作者说几年以前，一位美国工程师和他的妻子访问刚果，试图寻找像恐龙那样的生物存在的证据，报道说那里有；他们返回时带着一张照片，他们说照片上标注了看到这种生物的时间。陈述里的所有信息都正确。然而，缺了一个重要的细节：照片曝光严重不足，因此作为记录没有价值。当然，为了确定作者是否遗漏了重要的证据，你必须清楚其他哪些证据是可用的。这个事实让我们想起第 2 章中阐述的一个原则：如果你不理解一个争议的两方（或各方），你就不理解该争议。只有熟悉争议的两方与每一方建立的论证，你才能清楚什么证据是重要的。

作者的例证和案例具有典型性和广泛性吗？作者引用的一些例证和案例不一定建立论证的有效性。如果案例是不寻常的——例外而不是典型事例——它们的价值就很小。同样，如果它们代表了争议的一个狭小方面，它们就不能充分支持作者的论证。

如果作者引用了一项科学研究，该研究被复现过吗？科学界的惯例是，在任何研究人员的发现得到独立证实之前，不予以认可。这是一个明智的方法，因为有些研究被证明是“侥幸成功”——换句话说，它们不能被原来的研究人员或别的研究人员复现。

如果作者引用了一项调查，它是哪个组织设计和实施的？样本多大？样本是随机的吗？一项不符合既定统计原则的调查作为证据是没有价值的。一项由一个可靠性记录可疑的组织所做的调查，在被接受之前应该被佐证。

作者引用的信息源现在还在用吗？旧的信息源没有什么不好。1800 年前写的东西今天可能仍然有效，但是后来的发现可能使旧的观点不可信。

作者引用的专家具有权威性和是可信赖的吗？有名气的事实并不构成一个人的权威。一个诺贝尔物理学获奖者，可能完全不能胜任心理学和政府管理方面的工作。即使被引用的这个人是这个问题领域的权威，假若此人过去有信任问题（如专业方面的不诚实），所引的观点就有待商榷。

其他专家与被引专家意见一致吗？在有争议的问题上，专家之间达成共识的情况不比非专家之间多。一项小调查也许披露作者引用的专家持少数人的观点。这不是说少数人的观点就是错的——有时证明它是对的——而是说，那样的话它就应该被仔细核查。

对这本书或文章持不同立场的人会有什么批评和反论证？要找出争议某一方的缺陷，最好的办法就是公平地听取另一方的意见。

作者犯了任何逻辑错误了吗？例如，作者所得出的结论并不是从证据推出来的（这种结论逻辑上推不出）或者作者过度概化、过度简化，或假定了没有证据的事实。

作者关于证据的结论是最合理的吗？或者，另外一个结论更合理吗？像我们一样，作者有时屈从于他们的偏见，用迎合自己先入之见的方式解释证据。这种情况下，客观评价证据可能产生不同的结论。

毫无疑问，如你认识到的，在这些问题中，许多问题的答案不可能出现在你正在评估的书或文章中，也不可能出现在你的脑子里。回答它们需要你去进一步调查。在做出最后的判断前，一定要进行一切必要的调查。

### 第5步：表达你的判断

在评价一本书或一篇文章时，读者常犯的错误是假定完全同意或完全不同意作者。大多数时候，最合理的反应是接受作者论证的某些部分，拒绝别的部分，也许还有一些不确定的部分。下面的指导原则将帮助你表达判断：

第一，如果你部分同意、部分不同意，那就准确说明你的立场是什么，并认真地支持它。记住，优秀思考者判断你的论证就像你判断别人的论证一样。

第二，如果作者论证中的某些含混或歧义阻碍你给出一个直截了当的答案，就不要试图给出一个直截了当的答案。不如说“视情况而定”，并继续说明。在这种情况下，“如果－那么”方法非常有帮助。下面说明它如何运作。假设某人写下“人是动物”，你可以这样回应：

> 它取决于你如何定义动物。如果你指的是人包含在动物这个宽泛类别中，与植物或矿物的类别不同，那么我同意。但是，如果你的意思是人除了动物的本性别无他物，没有把人与动物王国里的其他成员区分开的智力和意志，那么我不同意。我相信……

第三，如果你必须处理冲突的证言，而且不能确定你的立场，那就先识别冲突并阐明为什么你不能确定。如果你相信情况似乎有点有利于某一方，那就说明那些情况以及为什么你倾向于按你做的那样判断它们。

一个冲突证言的例子出现在几年前，广为人知的对杰克·亨利·阿博特（Jack Henry Abbott）的审判中。他 37 年的生命中有 24 年是在监狱里度过的。诺曼·梅勒（Norman Mailer）安排出版阿博特的书《在野兽的肚子里》（*In the Belly of the Beast*）后，阿博特被假释。6 周以后，阿博特与一个服务员在使用洗手间时发生冲突，并刺杀了服务员。阿博特做证说，他认为是服务员先拔出刀，为了自卫他拿起刀冲了过去。然而，一个路过者目击了这个事件并做证说，服务员做了看起来像是“和解的手势”后转身离开，这时阿博特追了过去，伸手按住他的肩膀以“可怕的凶猛”方式刺向了他，然后在他奄奄一息的时候嘲弄他。

在这种情况下，你可能理智地说，尽管你不能确定哪个证据是正确的，但情况似乎有利于目击证人的证言。你会继续说明阿博特的证言比目击证人的证言更有可能受情绪和私利的影响。

这些指导原则可能看起来鼓励逃避或骑墙的做法。但这并不是他们的意图，不应该带着那样的目的去使用这些原则。当合理性要求一个合格的回答时，应用它们；在怯懦促使你回避回答的情形中，不要使用。

## 评估与判断的范例

要明白一个典型的评估会是怎样进行的，请想象你在评估一篇杂志上论证“劣质”人应该在青春期绝育的文章。你已经完成了批判性阅读过程的前 3 步，并将作者的论证概述如下（为了方便参考，句子和证据被编了号）：

（1）今天的世界范围存在严重的人口问题。

（2）理想的解决方法是每个人要负责任地决定是否应该生育。

（3）然而，没有几个人那样理性地决定——情感压倒了逻辑。

（4）另外，最没才能和最没智力的人可能生最多的孩子。

（5）迟早，这种趋势会让进化过程倒退。

（6）最好且最实际的方法是识别劣质人并强制他们在青春期绝育。

作为支持论证的证据，文章提出了：

（7）联合国的世界人口统计数据。

（8）精选联合国对世界贫穷、文盲和疾病的统计数据。

（9）一项研究表明，更富裕、受过良好教育、智商更高的夫妻生更少的孩子。

（10）出自遗传学的引文表明，如果更高智商的个体生育，良好的遗传效应会出现。

（11）出自医学权威的引文表明，如果有遗传性疾病的人不生育会对世界健康有好处。

你对论证和证据的评估可能如下（加括号的数字指的是前面列出的陈述和证据）：

**关于论证的清晰度。**几个术语有歧义。有才能的和有智力的（4）指的是宽泛的能力，还是一些具体的能力？轻微脑损伤的人如果用宽泛的定义衡量，常常具有相当的才能和智力。进化过程（5）指的是身体适合的人生存，还是如我们知道的文化的延续？劣质人（6）这个术语指的是那些有遗传疾病、大脑受损、精神症患者或叛逆者，还是所有这些？

**关于知情批评者可能的提问。**这些是最可能的问句：强制绝育对文明造成的危害难道不可能比进化过程倒退（5）更严重吗？它不可能导致暴政吗？改善民族之间的财富分配，找到治愈疾病的方法，共享科技成果，扩大教育机会（包括节育的教育），这些不是更好和更实际的解决方法（6）吗？

**关于论据的种类和质量。**关于某些论据的一个重要问题（10、11）涉及它的典型性和全面性。引文里表达的观点是大多数遗传学家和医学权威认同的观点，还是少数人的立场？一个更重要的问题涉及被略去的证据。无疑，心理学家、社会学家、历史学家和伦理学家会对这个争议有贡献。他们能回答的问题有：强行节育对那些被节育者会带来什么心理效应？无价值感还是愤怒？这种效应可能会导致什么样的社会行为？暴力？革命？有哪些先例能帮助我们衡量可能的效应？强行节育与尊重人一致吗？

根据这些考虑，你可能得出这样的结论：尽管世界人口问题和贫穷、文盲、疾病等有关问题严重，并且应该被解决，但强行节育的想法应该遭到反对——至少倡导者应该先澄清术语、回答重要的批判性问题。如果你准备对一篇分析性论文或文章中的论证做出正式回应，你就要详细展开你的思想，达到你期望别人满足的标准。（分析性写作中使用的原则和方法的讨论，参见第 14 章。）

## 批判性倾听策略

一方面，批判性倾听与批判性阅读差别不大，二者都包含用言语表达的讯息评估，因此二者都需要前一章中描述的所有细致区分。然而，在另一些方面，批判性倾听与批判性阅读非常不同。在听的过程中，我们没有机会在讯息发出之前浏览讯息——换句话说，没有一个与略读一篇文章可比的活动。一旦说出，说出的词就过去了，而且没有办法返回去听我们受到干扰而漏听的部分（当然，除非讯息被录了下来）。另一个区别是，听比读是更情绪化的活动。在听的过程中，我们不仅仅接收信息，也听到一个人的声音，它带着变化的音调、强调的语气和感染人的激情。如果言说者在面前，我们看到其身体，并注意到伴随话语的手势和面部表情。这些声音（和景象）能使讯息听起来或多或少比实际的更有洞见。它们也可以让我们更专注于讯息，或者相反，分散注意力。

批判性倾听的重要性在政治方面最明显。例如，自约翰·F. 肯尼迪以来，没有总统候选人像贝拉克·侯赛因·奥巴马那样受到热烈欢迎，他集富有魅力的外表与非凡的口才于一身。他的演讲包含诸如亚伯拉罕·林肯、温斯顿·丘吉尔和马丁·路德·金等鼓舞人的领袖的风格，也充满了“我们相信改变”“完善我们联邦的未竟事业”和“自由在这个地球上的新生”这样的话语，以及频繁提到的希望、正义和机会。这样的语言引起强烈的情感，容易压制批判性质疑。这里介绍批判性倾听的 5 步法策略，它甚至适用于讯息的力量和表达的质量阻碍批判性评估的情形。

### 第 1 步：抛开先入之见

先入之见是你把先前形成的信念和态度带给了争议。除非你把它们放在一边，否则你的倾听几乎肯定会被赞成你已经相信的信念带偏。抛开先入之见，你必须首先承认你有这些先入之见，然后警惕它们的影响，这些影响往往以强烈情感的形式出现——

更具体地说，对你同意的言说者投以正面情感，对你不同意的言说者投以负面情感。这样的情感甚至常常在言说者结束言说前就产生了。在负面情感的情形中尤其如此，它促使你屏蔽言说者所讲的内容。（这种行为最明显的例子是许多脱口秀嘉宾的说话习惯，他们打断和叫停那些不同意他们观点的人。）无论何时，只要你开始感受到言说者给你带来的强烈情感，不管是正面的还是负面的，就提醒自己：它们会阻碍你进行批判性评估所需要的理解。

### 第 2 步：聚焦于讯息

甚至当你的先入之见受到控制时，你的思想也会离开言说者所讲的内容。例如，如果言说者表达了一个跟你不同的观点，你就会产生开始构建你的反应的冲动。当它在合适时机出现的时候，那是自然反应，没一点错。问题是，如果你在别人正讲话时屈服于那个冲动，你就会停止倾听，于是错过了他对观点的详述——详细的描述、限定和支持性数据。在那种情况下，无论你多么细致地构建你的反应，它与言说者实际说的都不搭，它只是你关于他所讲内容的臆测。另外，如果你抑制住构建反应的冲动，继续聚焦此人在讲的东西，你将获得对构建一个真正有效的反应所必须有的理解。这里需要特别注意：当你在听一种不同于你的观点时，你可能不是遇到一个打断听讲的诱惑，而是多重诱惑。抵抗所有的诱惑。

### 第 3 步：识别关键断言与支持性信息

所有对思想的连贯口头表达与书面表达包含相同的基本要素——一个主要断言或主张，证据或支持那个主张的推理。更长或更复杂的表达，可能还有子断言或子主张，以及支持性证据或推理。批判性倾听的第 3 步包括识别这些断言与为了支持它们而提供的信息。简单说，第 3 步包括回答这些问句：言说者持什么论点？为什么持那样的论点？回答这些问句的最好方法是录下表达，反复播放直到理解。如果录音不可能或不切实际，那就在表达时记笔记。如果表达完了是提问 - 回答阶段，那就要求言说者澄清任何含混或歧义的陈述。

### 第 4、5 步：评估讯息与表达你的判断

这两步与前面讨论的“批判性阅读策略”中的第 4、5 步基本相同。唯一区别是，在批判性倾听中，你不能得到言说者讯息的书面摘要的帮助，而是要依赖你对他的讲话要点的记录。

## 批判性观看策略

传播和娱乐方面的技术进步，激发了新的和更多样的视觉材料的使用，形成了一个被称为“视觉传播”和“视觉修辞学”的新的子学科。这些发展使批判性观看（viewing）与批判性阅读和批判性倾听一样重要。

视觉传播的一种形式是统计图表。与纯文字相比，有些人对图表倾向于更包容，好像图表更不容易出错。这是错误的。绘图学领军学者爱德华·塔夫特（Edward Tufte）把它们描述成“定量信息推理的工具”和“数字……图画”。注意到图表与散文一样容易出错后，塔夫特解释说，图表扭曲的意思是，当数字的图画与数字本身或数字所表征的事实不符时，就会出现图表失真，即错

误。他补充道："大众市场的图表通常是由具有艺术背景但没有统计学背景的人制作的，这一事实增加了这种危险。他们的目的是呈现美而不是'统计的完整性'。结果是'过度修饰和过分简化的设计，小小的数据集和大大的谎言'"。

批判地观看图表，就是根据数据本身而不是呈现它的形式去确定数据的意义。记住，图表的设计具有歪曲意义的力量，也有展示意义的力量。

另一种视觉传播形式是广告，它或是静态形式的印刷广告，或是动态形式的电视广告。不像统计图表，广告的首要目的更多的是激起情绪而不是诉诸心智。广告高管和早期理论家沃尔特·迪尔·斯科特（Walter Dill Scott）论证说："暗示普遍适用于所有人，而理性是一个例外的过程，甚至在最聪明的人中间也是如此。"斯科特建议广告商诉诸情感，尤其是同情。行为主义的奠基人和广告商顾问约翰·华生（John Waston）比斯科特说得更深刻，他论证说，人根本不受理性驱动，只被情感驱动。他因此把广告工作看成是操纵大众情感，方式几乎与巴甫洛夫（Pavlov）操纵狗的生理反应一样。尽管一些现代广告商否定斯科特、华生及其追随者的哲学，但这种哲学继续统领着这一领域。

批判地观看广告，你必须记住：它通常针对你的情感而不是你的理智。然后，你应该问自己："这条广告的设计要唤起我什么样的情感？它用了什么词语来唤起那样的情感？用了什么画面和声音？用了什么人？受崇拜的名人吗？是我羡慕的人，还是我怜悯的人？"回答这些问句有助于剥离广告的情感外衣，帮你进入思维王国，这样你才能评估它。

第 3 种视觉传播形式是戏剧表演。这种形式可追溯到古希腊的喜剧和悲剧，但是，我们最熟悉的表演是电视节目和电影。戏剧表演的批判性观看也与它的形式一样古老，而且基本问题至今不变：人物是如何互相关联的，他们的个性如何促成了那种关系？情节或故事线是什么，它们是如何展开的？场景是什么，它是如何促成行动的？表演的主题和意义是什么（前几代人喜欢用教训或寓意）？它传递了关于人和生活的什么思想？

最后一个问题难以回答，因为戏剧家在传统上一直避开说教（preaching），而代之以允许动作和人物之间的相互关系暗示主题。今天，这个问题更难回答，不是因为戏剧表演变得更复杂了（常常是相反的情况），而是因为影视技术让戏剧充满了刺激却缺失了意义——例如，大量的追逐、爆炸和性接触场景，少量的或缺失的情节或者人物的发展。

批判地观看戏剧表演，要问关于人物、情节、场景和主题方面的问题。另外，确定表演的真实性和可信度。要特别注意故事是否被设计成服务于作者个人喜好的种种迹象。典型的迹象包括刻板化的人物、过于简单的人物关系和带有个人倾向的对话。

## 批判性分析与写作的关系

本章讨论的批判性阅读、倾听和观看对你的写作质量有直接影响。这一事实可能对你不明显，尤其是如果你在小学和中学写作经验中涉及很少或没有考虑批判性思维的话。作文教学历来常常聚焦于组织、风格和语法的正确性这些问题。尽管那些内容重要，但它们并没有处理同样重要的（有些人会说更重要）内容问题——写作中所表达的思考的质量。优秀的写作包括透彻的思考与清晰、正确的表达。

# 第二部分

# 创造性思维

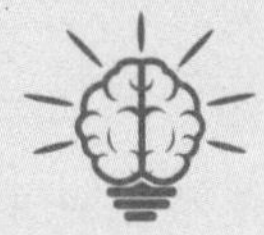

人们在思考问题和争议时遇到的最大困难是什么？标准答案是“评估各种解决方案并选择最佳解决方案的困难”。在某些情况下，也许就是如此。但是，另外两个困难同样令人烦恼：在问题和争议变成危机之前识别它们，以及超越普通的、非原创的解决方案，找到创造性解决方案。

第五章介绍了创造性过程。其他章扩展了这个介绍，展示了如何寻求挑战，表达与调查问题和争议，以及生成多种多样的解决方案。在第二部分末尾，你将发展出一种积极主动的方法来解决问题和争议，并学会如何激发你的想象力。

第5章

# 创造的过程

你是否听过“创造力是学不来的”“有创造力的方法是超越传统的做事方式”“有创造力需要高智商”“吸毒能增强一个人的创造力”或“创造力与精神疾病有关”等说法？这些说法已经存在很长时间了。但你猜怎么着？它们全是错的。

本章澄清了关于创造力的问题，还详细介绍了有创造力的人的特点，概述了创造性过程，并提供了一种可用来开发和应用你尚未开发的创造潜力的策略。

如同我们看到的，人类思维有两个阶段。它既生成思想，也判断思想。这两个阶段相互交织，也就是说，在处理问题的过程中，心智在二者之间来回频繁移动，有时几秒钟里就来回几次。对最具活力状态下的思维术进行最好的研究会很困难，而分别研究每一阶段则容易得多。由于这个缘故，我们先聚焦于思想的生成（从第 5 章到第 9 章），然后转到思想的判断。

尽管每个人都生成和判断思想，但努力的质量因人而异。一个人为一个问题或争议想出某一个常见或肤浅的思想并不加批判地赞许它，而另一个人生成各种不同的思想，其中一些思想既是原创的又是深邃的，并且批判地审视它们，改进其中最好的思想，使其变得更好。将贯穿在其余章节中的创造性思维和批判性思维这两个术语，指的是后一种努力。

## 关于创造力的关键事实

20 世纪 50 年代以前，创造力很少受到研究者的关注。后来，一个学者查阅了 23 年以前刊登在《心理学文摘》上的 121 000 多篇文章。他发现，与创造力直接有关的只有 186 篇，不到总数的 2‰。从那以后，研究者对创造力的兴趣大大增加，出版了许多关于这一主题的书。研究者考察了创造性成功者的生平，探究了创造性过程，检测了能够想到的各种环境下和每一个年龄段创造力的表现。

研究者的努力帮我们深化了对创造力的理解，纠正了长期以来没有受到挑战的错误观念。毫无疑问，你接触过这些观念并因此发展了一些关于创造力是什么以及它是如何工作的错误印象。用事实取代那些错误的印象是开发你的创造力潜质的重要一步。下面是一些重要的事实。有些在第 1 章中已经简要提到。所有这些都值得不时地回看和反思。

### “做你自己的事情”不一定是创造力的标志

“对许多人来说，”乔治 · F. 内勒（George F. Kneller）评论说，“具有创造力似乎仅仅意味着释放冲动或放松紧张情绪……然而，狂放不羁地扭动屁股并不是创造性舞动，在画布上泼墨也不是创造性绘画。”创造力的确包括摆脱已有的模式并尝试新的发展方向的愿望，但是它并不是指为了不同而不同，或者是一种自我放纵的活动。忽视过去积累的知识与受其限制，这两种错误一样严重。正如艾尔弗雷德 · 诺思 · 怀特海（Alfred North Whitehead）警告的：“傻瓜没有知识而凭想象行事；迂腐的学者没有想象而靠知识行事。”创造力意味着知识与想象二者的结合。

### 创造力不需要特殊的智力天分或高智商

几百年来，创造力高的人具有普罗大众缺乏的特殊智力能力的观念，一直被广泛接受。当智商测试被设计出来时，那种观念被赋予了新的价值，任何一个人的得分低于天才的分数（135 分及以上），就被认为几乎没有或没有创造性智力成就的可能。

然而，当研究者开始研究有创造力的人（creative person）的生平，并比较智商测试表现与创造力测试表现时，他们得到了两个发现。第一，创造力并不取决于拥有特殊天赋，而是取决于对天赋的使用，这种天赋实际上每个人都有，只不过大部分人从未学会使用它。第二，智商测试不是为测试创造力设计的，因此智商高分不是拥有创造性能力的指示，低分也不是缺乏创造性能力的指示。事实上，他们发现，绝大多数创造性成功者的得分比天才一类的分数低得多。

### 吸食毒品阻碍创造力

尽管许多人似乎决心拒绝这个事实，但是它早已被那些研究创造力的人承认了。一个研究者问道，如果酒精和其他药品对原创思想有好处，为什么街角沙龙没有产生更多的创造性成功者？没有人令人满意地回答过这个问题，也没有人可能回答。布鲁斯特·盖斯林（Brewster Ghiselin）解释说："它们的作用降低了判断力，它们激发的是引起幻觉的活动而不是启发性活动。"他论证说，提升创造力所需要的不是心智的人为刺激，而是增强的控制和指挥。

把毒品和酒精当作刺激物有时是更大错误观念的一部分，可以称作是波希米亚式的神秘感（Bohemian mystique）。这个错误观念是指，花天酒地的生活方式在某种程度上摆脱了智力束缚，打开心智获取新想法。埃利奥特·多尔·哈钦森（Eliot Dole Hutchinson）提供了一种大多数研究者都赞同的评价："狭窄的街道、破烂的演播室、无节制的生活、对地方色彩的大肆宣传，都可能在伪艺术中占一席之地，但是，它们与真正的创造没有多大关系。必要的创造性自由也根本没有明确地与它们联系在一起。波希米亚主义挥霍它的自由，从它连续几小时的放荡中收到的效果很差。创造性纪律利用其休闲，归来时焕然一新、充满活力和热切渴望。”

## 创造力是精神健康的表现

有创造力的人的一个普遍形象被许多低成本恐怖电影强化。那个形象描绘了一个疯狂的科学家，他在实验室走来走去，搓着双手，面目狰狞和痴迷。很多人真的相信这样的形象：在他们眼里有创造力的人和疯子（lunatic）几乎是同义词。他们错了。

在下面的段落中，哈罗德·H. 安德森（Harold H. Anderson）总结了一个关于有创造力的人相对心智健全的主流心理学观点。[赞成者包括受人尊敬的思想家，如埃里希·弗洛姆、罗洛·梅（Rollo May）、卡尔·罗杰斯、亚伯拉罕·马斯洛、J. P. 吉尔福德（J.P.Guilford）和 E. 希尔加德（Ernest Hilgard）。]

> 这些作者的一致观点是，创造力是精神或心理上健康人的一种表现，创造力与完整、统一、诚实、正直、个人参与、热情、高积极性和行动有关。
>
> 神经症要么伴随着人的创造力，要么导致人的创造力质量下降，这一点也有共识。对于神经症患者和有其他形式的精神疾病的人（他们同时表现出创造力）提出了如下假设：这些人尽管患病，但他们是有创造力的；他们产出的成就比没有疾病时低；他们降级了，或者他们是伪创造者，即他们也许会生成原创的想法，但由于患有神经症，他们没有交流。

## 创造型人才的特点

对创造性成功者的研究，识别出了一些他们的共同特征。下面是其中最突出的特征。

### 创造型人才充满活力

不像大多数人，创造型人才不允许自己的大脑变得被动、接受、不质疑。他们设法点燃好奇心，或者至少重新点燃它。这种智力活力的一个方面是游戏心态（playfulness）。像小孩子摆积木一样，创造型人才喜欢玩弄想法，排列新的组合，并从不同角度观看它们。艾萨克·牛顿在其写作中提到的正是这样的活动："我不知道世人怎样看我，但我自己以为我不过像一个在海边玩耍的孩子，不时为发现比寻常更为美丽的一块鹅卵石或一个贝壳而沾沾自喜，至于展现在我面前浩瀚的真理海洋，却然没有发现。"

爱因斯坦愿意进一步的推测，他把这种游戏心态看作是"产生式思维的基本特征"。不过，无论游戏心态在创造型人才的特征中占有什么位置，有一点是肯定的：它给那些人提供比一般人所喜欢的更丰富、更多样的想法。

### 创造型人才勇于冒险

对于创造型人才来说，思考就是一种冒险。因为他们相对没有先入之见和偏见，创造型人才不太倾向于接受流行观点，视角不太狭隘，也不太可能顺从周围人的想法。他们大胆构想自己的主意，愿意包容不流行的想法和貌似不可能的可能性。因此，像伽利略和哥伦布，爱迪生和莱特兄弟一样，他们对于创造性想法比其他人更开放。

他们的勇气还有一个额外的好处：他们比其他人更不容易受保全面子的影响。他们愿意面对不愉快的经历，运用自己的好奇心，并从那些经验中学习。结果，他们比其他人更不可能一再重复同样的失败。

## 创造型人才足智多谋

足智多谋是有效行动和想出解决问题办法的能力——即使在难题完全困住了其他人且手头资源短缺的情况下。这种能力不能被智商测试测量，却是实践性智力（practical intelligence）最重要的方面之一。半个多世纪以前，《科学美国人》就报道过这种特质的一个戏剧性例子。一个西部州监狱里的囚犯逃跑了，几周以后就被抓了回来。监狱官盘问了他好几天。“你从哪里弄到锯子把栅栏锯断了？”最后他绷不住了，供认他是如何弄断栅栏的。他声称，他在金工车间捡了一些麻线头，把它们浸泡在胶水里，然后放在金刚砂里，偷偷带回他的牢房。夜复一夜，3 个月过去了，他“锯”断了 1 英寸[①] 厚的铁条。监狱官接受了他的解释，把他锁了起来，确保他再去不成金工车间。

然而，故事并没有结束。3 年半后的一个漆黑夜晚，这个人又逃跑了，监狱官发现，这些栅栏被切割的方式完全相同。尽管他未被再次抓住，但他逃跑的方式在黑社会圈里是个传奇。他第 1 次说的用金工车间的材料是在撒谎。他比那还要足智多谋。他用

① 1 英寸 =0.025 4 米。

的是袜子上的毛线绳，把它用唾液弄湿，然后在牢房地上的尘土里揉搓。

### 创造型人才勤奋努力

威廉·戈登（William Gordon）说：“所有问题在脑海里呈现为失败的威胁。”只有那些不愿被失败预期吓倒的人，以及无论付出多少努力也决心要成功的人，才有机会成功。（当然，即使对他们来说成功也没有保障。）有创造力的人愿意做出必要的承诺。那是爱迪生心里的承诺，也是乔治·萧伯纳（George Bernard Shaw）的承诺。爱迪生说：“天才是 99% 的汗水加 1% 的灵感。”萧伯纳解释说：“我年轻时注意到我做的 10 件事中 9 件都失败了。我不想成为一个失败者，因此用 10 倍以上的努力去工作。”

创造型人才的勤奋的一部分归功于他们被问题完全吸引并专心致志的能力。但是，它也来自他们的竞争力；不像大部分人，他们的竞争力不是针对其他人，而是指向想法。他们亲自接受对想法的挑战。莱斯特·菲斯特（Lester Pfister）就是这样的人。他想出了用玉米茎近亲繁殖来剔除弱品系的主意。开始时他用 50 000 株手工操作，年复一年。5 年过去只剩下 4 株了，他变得一贫如洗，但是他改良了玉米品种。当别人在挫折和失望面前屈服时，他坚持住了，因为他不愿接受失败。

### 创造型人才自主独立

我们想到的每一个新主意都把我们与别人区分开来，把这个想法表达出来会使我们与别人的距离增加 10 倍。这种分离很可怕，尤其对那些从与别人的关系中获取力量的人，以及依靠别人获取自我认同的人。这些人接受新想法时可能感到不自在，更不用说去表达了。他们太害怕被拒绝了。创造型人才则不同。这不是说他们不喜欢被接受和得到别人的支持，或者失去朋友他们不烦恼，而是无论他们多么想要得到认可、支持和友谊，他们都不像其他人那样需要它们。相反，他们要得到自己的认同，而不是从别人那里找到对自己想法的赞同。由于这个缘故，他们更不怕显得古里古怪，他们讲起话来更自信、更自由，做起事来更独立。

如果你愿意付出努力获得这5个特征，或者如果你已经拥有了它们，那么了解这5个特征能帮助你开发自己的创造力潜质。这从来不是件易事：旧习惯抗拒被取代。不过，即便微小的进步也会大大改变你的思维品质。

## 运用创造力解决问题和争议

我们特别关注创造力的两大应用，即解决问题和解决有争议的问题。问题（problem）和争议（issue）这两个词在很大程度上是重叠的。这两个词都指挑战我们的独创性情境，那些没有现成的、似乎令人满意的解决良方的情境。但是，争议多一个特点。它倾向于把人分成对立阵营，每一个阵营确信它自己这一方是正确的，而对方是错误的。

运用创造力解决问题和争议最重要的方法包括：采用新颖的方法，制定或修改流程或系统，发明一种新产品或服务，发现已有东西的新用途，改良事物，发明或重新定义一个概念。让我们看看每种方法的一些例子。

## 采用新颖的方法

芝加哥卡普兰斯（D. B. Kaplan's）熟食店，用娱乐的方式写菜单（有些情况下，写在三明治上）。菜单上有福舌、意大利大葱、香葱火鸡、艾克和蒂娜金枪鱼、意大利辣肠博士、无粮骑士、安妮特菠菜沙拉和乳蛋饼的故事等。食材与食品名一样富有创意。

人道保护协会（Humane Society）检查员发现两只狗被残忍地关在一辆车里，车内温度高达 33.3℃。他们在与狗主人交涉时采用一种新方法。他们给狗主人提供一种备选方案以防被指控虐待动物：他们在封闭的汽车里待上 1 小时，像狗一样忍受同样的高温，而两只狗在人道保护协会有空调的大楼里待 1 小时。

一个法官在密歇根州离婚法庭上采用了新奇的方法来解决监护权和居家权的争论争议。他把房子判给了孩子们，直到最小的年满 18 岁为止。父母轮流住在房子里并负担费用。（父母双方住在同一地区，因此这种住房安排是可行的。）

为了给学生灌输为需要帮助的人提供帮助的责任感，杜兰大学法学院设置了一款非同寻常的毕业要求，即学生为穷人志愿从事至少 20 小时的法律工作。

意大利的威尼斯城坐落在亚得里亚海潟湖上的几个小岛上，一直以来受周期性洪涝的困扰。现在，人们依然有理由担心海水涨潮最终会吞没这个城市。阻止这种灾难发生的最广为人知和广泛接受的建议是，在潟湖入口处建造 78 个可移动的空心闸门。这些闸门可以被空气填充并升起来，防止上涨的海水淹没威尼斯。然而，不是每个人都接受这一新奇的方案。一些科学家说，这些闸门的设计是基于过时的潮汐表，因此迟早会被换掉。环境学家则担忧这些闸门会造成更严重的污染。

## 制定或修改流程或系统

杜威十进分类法和国会图书馆系统是为了图书分类而发明的两种技术。（当然，对学习而言，更为基本的分类是被称为字母表的发明。）

几十年前，一种新型的治疗牙周疾病的外科手术被设计出来，它使人们永久保住牙齿成为可能。这种手术包括切除患病的牙龈组织和刮掉牙齿上积累的牙菌斑。（如果不治疗，牙周疾病可能导致牙齿疏松或脱落。）

多年来，几种用于诊断胎儿健康的方法被开发出来。羊膜穿刺术和绒毛取样都涉及抽取羊水，超声波技术则是通过胎儿反弹回来的声波形成的影像进行检查。

19 世纪 80 年代到 20 世纪 80 年代之间，刑事调查的主要工具是指纹。今天是 DNA 检验方法。每一个曾经活在世上的个体都由其独特的遗传基因构成。犯罪现场留下的一缕头发或一滴尿液、唾液或精液，可以与嫌疑人的 DNA 样本相比对，并且成为确定有罪或无罪的重要因素。

为了回应大众对 1988 年总统竞选过于表面化的批评，来自印第安纳州的国会议员李・汉密尔顿（Lee Hamilton）提出了一个改变传统辩论模式的方案。他的主意是，每一个候选人独自讲 1 分钟，就一个争议陈述自己的观点，并回应专家组的深度提问。陈述会被同步录像，之后在电视上连续播出。（遗憾的是，这个想法没有在随后的总统竞选中实施。）

## 发明一种新产品或服务

1845 年，一个人急切需要钱还债。“我能发明点什么来凑钱呢？”他寻思着。3 个小时以后，他发明了安全别针。之后他把这个点子卖了 400 美元。实际上我们每天使用的产品具有相似的故事，尽管可能不那么戏剧化。锤头、叉子、闹钟、牙膏管、火柴盒以及其他成千上万种产品最初都是作为创造性头脑里的点子出现的。而且，每天的新想法层出不穷。一个你可能没听过的点子是“涂鸦吞噬器”——一种能去除墨迹，木头、砖头或钢材上的墨水或者油漆的化合物。

自助洗衣店、洗车行和租车代理行是已经发明出来的成功服务的例子。当租车服务变得相当昂贵时，一些有开拓性头脑的人士发明了租车服务，提供工作状态良好的高里程旧车。（其中一家代理行叫 Rent-a-Wreck，另一家叫 Rent-a-Heap。）一个热心公益的精神病学家为失眠症患者发明了一种“睡纹”（Sleepline）服务，提供 8 分钟的录音讯息（“睡眠来了……缓慢的……深度的……”）帮助人们睡眠。

随着百视达（Blockbuster）和好莱坞视频（Hollywood Video）等公司的诞生，人们看电影的方式改变了。但是，当网飞（Netfix）和相似的服务使数字影碟（DVDs）首先通过邮件接收，然后直接且没有延误地传到互联网时，那些公司遭到了挑战。

## 发现已有东西的新用途

无论东西多旧，人们总是可以为它设计新的用途。想一想，从最初的想法发展出来了多少种钉子、螺母和刷子。甚至一种相对新的对床的改装——水床，也被赋予了新用途：模拟温暖的子宫以保护早产儿。有些情况下，貌似无用的东西也能有好用处。例如，一个圣路易斯的理发师把剪下的头发和泥炭与其他物质混在一起，形成了一种奇特的盆栽土壤。他相信这种土壤有助于恢复亚洲和非洲部分地区受干旱侵蚀的土壤。至少一名大学生想出了空啤酒瓶和汽水瓶的用途：他在瓶子的顶部和底部打孔，用粗绳子穿过去，把瓶子一排排密实地挂起来当作窗帘用。

长期以来，农作物一直有着不同寻常的用途。例如，棉线头被用来生产炸药，磨碎的烟草被用作杀虫剂。科学家已发现，美国剩余最多的农作物——玉米的新用途。这些用途包括制作防冻材料、黏合剂、一次性瓶子和可生物降解的垃圾袋。这些创造性想法降低了对石油进口的依赖和污染。

电脑和激光的新用途在持续增加，例如把二者结合起来：克利夫兰的一家公司销售一种电脑装备，它可以测量一个人的衣服尺寸，然后把信息转发给用激光剪裁布料的工厂。

## 改良事物

每年发布的改进已有东西的专利远远超过了新发明的专利。有一些很好的理由：人发明的东西没有十全十美的，每一样都能改造得更好。思考一下光的发展，从史前的火炬到最新的手电筒，或者想想相机和汽车的发展。

例如，电话的发展包括电话拦截、电话追踪、优先呼叫、回拨、重拨和来电显示以及多种多样的手机等。研发的每一种功能都是为了满足特殊的需求，这些功能之前的电话没有。

运用创造力改良事物没有比电脑工业更明显的了。每几个月在硬件或软件方面的重要突破就会被宣布，小的改进持续不断。

### 发明或重新定义一个概念

我们倾向于把许多帮助我们思考和应对现实的概念看作是固定的和永恒的，然而事实并非如此。概念是被发明出来的，正如产品和服务一样。比如，税收和惩罚罪犯的概念，可能非常陈旧了，但是它们曾经是全新的。无数其他的概念相对时新。很难想象，假若没有零的概念，数学如何能被使用。然而零作为一个数字的概念，是大约公元 500 年时在印度发明的。同样，公司的概念源于 16 世纪，进步和世俗成功的概念是 17 世纪发明的。邮政编码的概念最近才出现。

我们熟悉的童年的概念——作为一个具有自己独特性的天真无邪的阶段——可以追溯到仅仅几个世纪以前。在那之前，孩子们被当作小大人对待。历史学家 J. H. 普拉姆（J. H. Plumb）写道："（在人类早期）一定没有童年独立的世界。孩子们与成人共玩一种游戏，共享同样的玩具和同样的童话故事。他们与大人一起生活，从不分开。勃鲁盖尔（Bruegel）创作的粗俗乡村节日画，显示男女沉迷在酒色之中纵欲寻欢，孩子们与大人们一起吃喝。"

## 创造性过程的阶段

成为有创造力的人不仅仅指具有某些特质。它意味着创造地行事（behaving creatively），强调用想象力和独创性应对我们遇到的挑战。简言之，它指的是在运用创造力过程中展示技能。尽管这个过程中有几个阶段，权威人士尚存分歧——有些说有 3 个，另一些说有 4 个、5 个或 7 个——该分歧不是实质性问题。它只是关于把活动归属在一个标题下还是几个标题下的问题。对于所涉及的基本活动不存在真正的分歧。

为了记忆和应用方便，我们把创造性过程看作包含 4 个阶段：寻求挑战，表达问题或争议，调查问题或争议，以及生成创意。每个阶段将是单独一章的主题，不过，对这个过程的简要概述使你能立即开始使用它。

### 第 1 阶段：寻求挑战

创造力的实质是用想象、原创和有效的方式迎接挑战。通常，挑战不需要寻找：它们以明显的问题和争议的形式来到你的面前。例如，如果你的室友每天都是凌晨两三点回来，冲进宿舍，在你试图入睡时开始跟你聊天，你不必特意察觉就知道你遇到了问题。或者，如果你发现自己正处于一场关于堕胎是不是谋杀的激烈争论中，那么没人有必要告诉你，你在讨论一个争议。

然而，不是所有的挑战都是明显的。有时，问题和争议是那样微小或微妙以至于没几个人注意到它们；另外一些时候，根本没有问题和争议，只有改进现状的机会。这些挑战激发不起你的强烈情感，因此你用坐等的方式不会发现它们——你必须去寻找。

创造性过程的第 1 阶段是寻求挑战的习惯，不是一时半会儿这样做，而是坚持做。它的重要性表现在这个事实中：只有在应对你所觉察到的挑战时，你才能成为有创造力的人。

### 第 2 阶段：表达问题或争议

这个阶段的目的是找到对问题和争议的最佳表达方式和最有

助于生成想法的表达方式。[①]“一个妥当陈述的问题，”亨利·黑兹利特（Henry Hazlitt）强调，“已部分解决了。”因为不同的表达方式打开不同的思路，最好是想出最多的可能的表达方式。在表达问题和争议时，一个最常见的错误是只从一个视角看，因而屏蔽了许多富有成效的思路。

想一想囚犯决定如何越狱的情形。他对问题的第 1 个表述可能是“我如何能有一把枪然后扫射出一条出路？”或者“我如何能骗狱卒打开我的牢房然后我再制服他们？”。如果他确定了这样的表述，他的思维就停在了那里（他也将继续待在狱中）。只要对这样的问题——“我如何能在没有钢锯的情况下切断这些栏杆？”进行思考并做出回应，聪明的越狱方案就可能产生了。

通常，在用几种方式表达问题或争议之后，你可能不能决定哪一个表达得最好。出现这样的情况时，暂缓决定，直到后面的阶段使你能够决定为止。

### 第 3 阶段：调查问题或争议

这个阶段的目的是获取必要信息以有效解决问题或争议。在有些情况下，这个阶段仅仅意味着从你过去的经验和观察中寻找合适的材料以解决当前的问题。在另一些情况下，它意味着从新的经验和观察中，从与知识渊博的人的访谈中，或者从你自己的研究中，获取新信息。（在囚犯的例子中，它意味着仔细观察狱中所有可接近的地方或物品。）

① 在没有真正的问题或争议，只有改进现状之机会的情况下，你会把这种情况当成有问题来处理，比如，你会说“我如何能让这个过程运行得更有效率？”。

## 第 4 阶段：生成创意

这个阶段的目的是生成足够多的想法，以决定采取什么行动或拥护什么信念。这个阶段有两个常见的障碍。第 1 个障碍是普通的无意识的倾向，即把你的想法限定在普通的、熟悉的和习惯性的反应中，从而屏蔽了不普通和不熟悉的想法。记住，无论后一种想法看起来多么陌生和不合时宜，但正是在那样的反应中创造力才得以体现，用这样的方式与那种倾向做斗争。

第 2 个障碍是过早停止生成想法的诱惑。如同我们将在第 9 章中看到的，研究已经证实，生成想法的时间越长，获取有价值想法的机会就越大。或者，就像一个作家写的那样："你钓鱼的时间越长，鱼上钩的可能性就越大。"

在你准备开始实践创造性过程之前，还有两个问题要说清楚：你如何知道自己何时有了创造性想法？你能凭借什么特征把它与其他想法区分开？创造性想法是既富有想象力又有效用的想法。第 2 个特质与第 1 个一样重要。一个非同寻常的想法还不够。倘若那样的话，最奇怪、最匪夷所思的想法就是最有创造力的。不，要想具有创造性，一个想法必须起作用，必须解决问题或必须阐明它所回应的争议。一个创造性想法不一定仅仅是非同寻常的——它必定是非同寻常的好（uncommonly good）。

当你有了大量想法时，再去决定哪一个看起来是最佳想法。有时会是一个单独的想法，有时会是两个或更多想法的组合。在这一点上，你的决定应该是尝试性的。否则，你会被诱惑放弃评估思想的宝贵的批判性思维过程。

# 第6章 寻求挑战

第 5 章呈现了创造性过程的四个阶段。本章我们将仔细了解第一个阶段——寻求挑战。你将了解好奇心在创造力中所起的核心作用，以及为什么大部分人带着极大的好奇心开始生活，却在童年就丢失了好奇心。最重要的是，你将学会重获好奇心的六大有用技巧，并运用于你的日常生活。

丹尼斯坐在早餐桌旁读晨报，他第一次注意到牛奶纸盒的一侧印着两个失踪儿童的照片和描述。这让作为一名公共服务机构员工的丹尼斯印象深刻。“如此明显的一个点子，利用牛奶盒做公益广告，为什么我没想到它呢？”他反问道，并想当然地认为问题不需要回答，然后继续读报纸。

然而，这个问题是需要回答的。人们没能想出新点子，是因为他们在心理上是反应性的，而不是主动的。也就是说，他们没有发挥想象力来度过每一天，在别人解决问题之前对问题视而不见，在别人将其转化为成就之前对机会一无所知。在这一点上，他们会嫉妒别人的“运气”一会儿，然后溜回他们的日常中，再也不去想它了。正如罗伯特·P. 克劳福特（Robert P. Crawfort）注意到的：“运气通常只不过是一种对机会的察觉——机会就在那里，每个人都看得见。”

拥有思考能力是一回事，把它用在日常生活中是另一回事。到这个课程结束时，你将掌握创造性思维和批判性思维的各种能力。如果你没有萌发运用它们的愿望和提升对你周围挑战和机会的敏感性，那样的掌握就没有意义。这一章帮助你在这方面提升。

## 好奇心的重要性

好奇心对每个阶段的思考都有用，它在第 1 阶段——寻求挑战中不可或缺。好奇心不是少数天才所独有的品质，实际上每一个孩子都有无穷的好奇心。一个研究者曾经记录了一个不到 5 岁的孩子在 4 天里问的所有为什么的问题。他也记录了妈妈回答了哪些问题，以及没有回答时孩子又重复了哪些问题。他总共记录了 40 个含有为什么的问题。

有些情形下，孩子的好奇心是由妈妈要求做某事的指示唤起的。例如，当孩子被告诉把玩具放在一边，把地毯弄平整，或者当他走得太慢让他快点时，他会问为什么。

但是在很多情形下，孩子的好奇心在没有被敦促的情况下迸发出来。这里是引发他问“妈妈，为什么？”的一些主题的例子。

（1）脚凳

（2）床

（3）吃饼干

（4）围裙

（5）眉毛

（6）水壶

（7）橘子汁

（8）窗台上的鸟

（9）妈妈的发型

（10）穿浴袍的方法

（11）商店里买的东西

（12）坐在椅子上的正确方式

（13）烘焙用具

（14）开窗子

（15）优雅地输掉比赛

在许多情形中，妈妈对为什么问题的回答引发孩子问另一个问题。

当然，孩子问有些问题无疑只是想得到妈妈的关注。但是，基于对问题内容和孩子的表达的判断，研究者得出结论：40 个问题中有 3 个问题是好奇心的真正表达。考虑到这个清单只包含为什么的问题而省略了如何、在哪里、谁与何时这样的问题（这些也是好奇心的表现），很明显，孩子的好奇心是多么让人惊讶。

## 好奇心是如何丢失的

不幸的是，很多用连珠炮式的疑问轰炸父母的 4 岁孩童，到 18 岁时好奇心已经丧失了。至少在总体上，这种情况是如何发生的已经足够清楚了。他们的父母渐渐厌倦回答并且开始阻止他们问问题。"不要问那么多的问题。"父母责备道。而且他们警告说："好奇害死猫。"之后，孩子上学了，发现老师没时间回答他们的问题。教室里还有很多孩子，教学计划必须进行，教学内容必须教授，时间不够。

家长和教师并非压抑好奇心的仅有的因素，各种媒体也压抑了孩子们的好奇心。大多数电视节目的目的是取悦观众，而不是给他们提供信息或者与观众一起探索复杂争议，因此助长了一种被动的旁观者心态。（根据定义，好奇心是对生活的主动响应。）

出版业很少为好奇心的发展提供优质服务。流行杂志刺激病态的关于名人私生活细节的好奇心，而不是健康的关于生活挑战的好奇心。图书出版商倾向于对娱乐方面的书，而不是刺激思考的书更感兴趣。节食和健身方面的书以一种用过去专为文学经典而设的热情来销售。甚至所谓的自我提升方面的书，也许被期望强调发展重要的心智品质，也常常只提供更多的有关穿衣、办公室政治，或者把自己的想法强加给别人等方面的建议。

因此，压抑好奇心始于童年，并且无休止地持续。结果是，大部分人失去了对他们置身其中的世界提出有意义问题的习惯。

## 重获你的好奇心

乍一想，重拾童年的好奇心似乎不可能，但这是可能的。许多人已经成功了。第 1 步是要认识到，缺乏兴趣和想当然的倾向不是天生，而是后天习得的；换句话说，缺乏好奇心是一种可以打破的坏习惯。

几年以前，作为一名年轻的工业工程师，我有幸为一位认识到这一点并与下属分享这一认识的人工作。我上岗的第 1 天，这位总工程师给我下了这些指示："下一周我不让你做任何事，我只想要你在工厂（一家大型邮购公司）四处转转，对你看到的一切提出疑问并记录下来。不要漏掉任何东西，记下哪怕是最愚蠢和最显然的问题。每天结束时，我想与你见面半个小时，让你与我分享那些问题。"刚开始，我觉得这个指示很奇怪。"这样做有什么用？"我疑惑不解。不过，我还是照办了。我走过了不同部门——装运、会计、销售、订货，并记下了我的问题。

一周过去了，我的问题清单变长了，每天与总工程师的谈话提升了我对自己工作的理解。他想让我（以及每一位其他新工程师）养成一种工作风格：用高度的好奇心看事物，就像透过孩子的眼睛一样去看，这样我就可能对看到的进行更有效的思考。“这种操作中正在做什么？这些都有必要吗？如有必要，可能用其他方法完成吗？那些方法中有更简单、更快、更安全、更经济的吗？谁在做？一位薪水不那么高的员工会做吗？几个人的工作如何能减少到由 1 个人完成？它是在最恰当的时间与最佳地点、用最合适的材料和设备做的吗？”在我当工程师的 4 年里，这些问题充斥着我的大脑，而对这些疑问的回答给公司节省了数万美元。不过，所有这一切都是从那奇怪的第 1 课——那节让我重拾好奇心的课发展而来的。

通过适当的练习，任何人都能重获自己的好奇心，就像肌肉萎缩能被重新练回。重获好奇心不仅能使个人产生满足感，而且能提升职业效能感。一个有好奇心的人能够在别人除了抱怨而无能为力之前就能理解和解决许多生活中的问题。

## 六大有用技巧

幸运的是，你不必假装重新做回孩子，问小孩子一样的问题。（如果你试图那样做，别的朋友就很可能给学校的心理专家汇报。）也不必采纳工业工程师的方法：尽管他的方法在合适的情境下很有效。有一种适合各种情景的更好的方法，它包括 6 个具体技巧。

第一，善于观察

第二，寻找事物的缺陷

第三，察觉自己和他人的不满

第四，查找原因

第五，对含意保持敏感

第六，在争议中识别机会

## 善于观察

有些人对身边正在发生的事浑然不觉，他们沉浸在自己的内心世界里，以至于错过了许多正在发生的事。微妙的暗示在他们那里都被浪费了，他们从来没有真正从经验中学到什么。他们如何能学到？他们没有真正与外部世界相联系。

即使你不是这样的人，很可能你的观察力也停滞不前。这里有个小测试，帮你确定你是否善于观察。

（1）你的老师戴婚戒吗？

（2）你母亲的眼睛是什么颜色的？

（3）你的家乡（或社区）有几个加油站？

（4）你家里前门廊（或者，通往公寓的阶梯）有多少个台阶？

（5）你的家乡（或社区）有几个教堂？它们属于什么教派？

（6）你最好的朋友家的院子里有树吗？如果有，有多少？有花吗？如果有，是什么花？

（7）你高中聚会的老地方的墙壁是什么颜色？

（8）你能详细描述你高中的乐队制服吗？你能描述运动服（任何运动）吗？

大多数人都会惊讶，他们对自以为很熟悉的人、地、事知道得如此之少。你可能听说过这样的故事：一辈子生活在城市或乡镇的人却不能给陌生人指路。原因是他们如同机器人一样，在恍惚中自动地来来回回走同一条路。

从更加仔细地看与听人、地、事开始，尽量捕捉你平常忽略的细节，观察人们的行为。例如，下一次在自助餐厅或食堂时，留意人们的动作。注意有多少人是独自来的。比较那些独自吃饭和那些与人一起吃饭的人的行为方式。那些独自吃饭的人看起来有多自在？他们看起来更放松还是更不放松？他们在找桌子时看起来紧张吗？他们的哪些行为体现了他们的情绪？

当你置身一群人中谈论的时候，注意群体的言语方式。什么话语模式被重复？他们彼此相看的眼神如何？有人倾向于控制吗？如果有，是用什么方式？他们的行为如何影响了其他人？

你能从大厅里经过你身边的人（学生、教授、行政人员）身上获取关于他们心情的什么暗示？人们彼此是如何以礼相待的？人们对他们特别喜欢的人的目光和说话方式有什么不同？什么举止泄露了他们的态度？

人们为他们的行为找出了什么借口？你的朋友中有多少人像将责任推给他人一样轻松地承担责任？当你的朋友参加聚会时，他们的性格似乎有某种改变吗？他们与教授在一起时的表现很不同吗？你朋友的偏见是什么？他们是如何透漏它们的（而不是直接告诉你的）？

你对人的观察类型能被无限扩展。不过，要记得，不要仅仅观察别人，也要观察你自己：你的行为方式以及你对自己的态度和价值所提供的明显或微妙的线索。

## 寻找事物的缺陷

这条建议第一眼看上去似乎与大多数家长教给孩子的内容相冲突。他们会说：“不要期望事物完美”“学会接受事物本来的样子，为它们不是更糟糕而感到高兴。”但这里并没有真正的冲突。寻找缺陷不是指对生活的习惯性的、不满的抱怨。它指的是意识到实际能改进之处。

研究表明，富有成效的思考者和有创造力的人对缺陷有敏锐的感知力，而这种感知是他们取得成就的一个源泉。他们认识到，所有的思想、系统、过程、概念和工具都是发明，因而有允许改进的空间。

在有些情形下，有创造力的人想尽办法寻找缺陷。例如，创立了克莱斯勒公司的机械天才沃尔特·克莱斯勒（Walter Chrysler），当时只是个年轻的铁路机械师，靠积攒微薄的收入买了一辆皮尔斯箭头车。这辆车花了 5000 美元，在当时是一笔巨额花费。他的目的不是开车四处炫耀、要大牌，而是把车的一个个螺栓拆开——看看他能改进哪些部件和装配的设计。

看看你周围的任何一种产品：教室里的黑板和课桌、你的床、你的衣服、你的车、图书馆的编目系统、你喜爱的运动的指导规则，以及我们的民主政府系统。所有这些东西的当下形式，都从早先的发明进化而来。其进化过程中的每一步都是为克服缺陷而努力的结果。考虑下面两项发明大概的进化过程。

| 人造光 | 书写工具 |
|---|---|
| 火炬 | 锤子和凿子 |
| 蜡烛 | 铁笔 |
| 煤油灯 | 羽毛笔 |
| 电灯 | 钢笔 |
| 电池供电的灯 | 圆珠笔 |
| 荧光灯 | 毡头笔 |
| 闪光灯 | 硬头流畅笔（hard-point flowing pen） |

比进化到现在更重要的是超越现在的进化。每一样东西仍然不完美。确实没必要诅咒黑暗：你可以发明一种新型的光。

### 察觉自己和他人的不满

每天都遭遇失望和烦心事，这些无法避免。不过，有一种方法可以利用它们。对这些经历的通常反应无疑是愤怒、怨恨和焦虑。尽管这些反应可以理解，但许多人沉溺其中，让不满毁了他们的日子。

从今天开始，注意你感受到的不满，比如当你的教授给你突然袭击的小测验时，或者你的小妹妹要求你围着她转以显示她的重要性时，你所感受到的恼怒。也留心当你的车在最不合适的时刻打不着火和不得不在超市排长队时不耐烦的恼怒。此外，当你跟别人交谈时，也要仔细倾听他们表达的不满，即使是那些一提而过的轻微不满。

与其让自己屈服于自己的不满情绪或一头扎进他人的悲叹中，不如这样做：停下来，提醒自己积极看待，每一次不满都是某种需要没有被满足的信号。换句话说，不要把令人不满的状况仅仅当作讨厌的事，也把它当作对你独创性的挑战，并考虑如何最佳地改进这种状况。

不满被用来生成创造性想法的好例子是消费者权益活动家拉尔夫・纳德（Ralph Nader）对经济状况新评估的建议。纳德对国民生产总值聚焦在物（特别是生产）而不是人这一事实感到不安，他建议，记录有多少人被养活而不是记录有多少食物被生产，有多少人有住房而不是有多少房子被建造。

## 查找原因

做出突破或获取洞见的人是那些好奇的人。他们的好奇心扩展到探究事物的原因：它们是如何变成现在的样子的，以及它们是如何运作的。

例如，多年来人们知道，被称为炭疽的疾病无限期地留在土壤里。然而，这个过程对科学家来说是个谜团。然后，有一天，在访问一个农场时，路易斯·巴斯德（Louis Pasteur）的好奇心被激发了。他观察到，有一片土壤与周围土壤的颜色不同。当问农夫这是怎么回事时，农夫解释说，他前一年在那儿埋了一些病死的绵羊。巴斯德好奇为什么那会造成土壤颜色的不同。因此，他更加细致地检查了土壤，注意到了蚯蚓粪，并从理论上说明蚯蚓钻进了土壤深处，并把所携带的炭疽杆菌带进了土壤中。他后来的实验室实验证明他是正确的。

同样，如果不是因为研究人员在一个不相关研究中的好奇心的话，糖尿病就可能还是一个未解之谜。当他注意到苍蝇聚集在实验中的一条狗的尿液周围时，他好奇狗尿液里的什么东西吸引了苍蝇。他对原因的搜寻最终促成了人们对糖尿病的理解和控制。

搜寻原因的关键是要警惕任何你不能满意解释的重要情况或事件。练习这种警觉性特别好的时机是在读消息或看电视上的新闻时。例如，假如你在看一篇报道：一个人在情人节因与妻子为1便士发生争执最后杀了他的妻子，你的好奇心会被激发。（合法分居的他们见面是为了讨论财产分割问题。她拒绝给他一枚价值不菲的有印第安人头像的1便士，他便开枪杀了她。）“是什么导致了他/她失去了优先的感觉？”你可能好奇，因而识别出了一个关于人的行为的挑战问题。（有关因果关系的更多信息，返到第2章。）

### 对含意保持敏感

作为孩子，你可能喜欢向平静的池塘里投掷鹅卵石，然后看着泛起的涟漪传播到远处，直到它们触到池塘边。通过这些涟漪，最小的鹅卵石产生的影响力与它的大小相比完全不成比例。人的想法也是如此。每一个发现、每一项发明、每一个新观点或解释，都会产生一种影响，起初它的影响程度很少被完全认识到。优秀思考者经常比其他人更早认识到那种影响，因为他们对含意敏感。几个例子将说明这种敏感性。

1981年8月，金赛研究所（Kinsey Institute）发布了一项关于同性恋的研究，它挑战了关于同性恋原因的传统理论。研究者得出结论，同性恋似乎源于可能是生物学意义上的一种根深蒂固的倾向。这项报告立刻激起了争议，但没有审慎的思考者会直接下结论：这是该问题的最后结论。然而，一个对含意敏感的人很快意识到，如果报告被证明是正确的——同性恋由生物学决定，同性恋就不能合理地被认为是不道德行为，因为同性恋者在这个问题上几乎没有或根本没有选择。

几年前的研究表明，在约三分之一的案例中，害羞是遗传倾向导致的而不是由环境因素引起的，在这些情况下，害羞尤其难以克服。对含意敏感的人会思考害羞如何影响行为表现，继而想到学校和职业。除了其他问题，这将引发这样的问题：根据课堂参与度来评判学生是否公平，是否应该在学生更小的年纪给他们提供就业指导。

大约在同一时间，另外一项研究显示，有些人具有犯罪的遗传倾向，而且对脑电波、心率和皮肤电学特性的测量最早能够提前 10 年预测犯罪行为的发生。研究还表明，克服这种倾向并避免犯罪行为是可能的。一个重要的含意迅速被法律界捕捉到了：检测犯罪倾向的证据（例如在学校里）是否会构成对检测对象权利的侵犯。

最后一个例子：几十年前，佐治亚州最高法院裁决一个参与狱中绝食抗议的杀人犯具有饿死自己的合法权利。这个裁决的一个有趣而微妙的含意涉及自杀问题。传统上，自杀被认为是一种罪行。（从技术上讲，一个企图自杀但未遂的人可以因自杀而受到法律指控。）佐治亚州的判决意味着，一个人有权利结束自己的生命，从而挑战了这一传统。根据该法院的裁决，被称为“死亡医生”的安乐死活动家杰克·凯沃尔基安（Jack Kevorkian）医生，由于帮助人们自杀而成名（也被成功起诉）。

## 在争议中识别机会

面对有争议的争议时，许多人只会大喊大叫，漫无边际地谈论自己这一方的才智，并谴责那些持不同意见的人。他们错失了争议中的真正机会：冒险、探索新视角和丰富理解的机会。

一个有争议的争议究竟是什么？它是一件关于知情人有不同意见的事情——不是任何人，只是知情人。如果这些人有分歧，那一定存在产生分歧的基础。要么事实可以有不止一种解释，要么有两种或更多相互竞争的价值，无论哪种情况，他们都被要求提供有说服力的支持。

因此，争议中的任何一方都不可能拥有全部真理，每一方只拥有了一部分。每一方是 50% 正确，比率是 51∶49，60∶40，抑或是 99∶1？最新的证据表明了什么？也许我的观点一直都是错的？挑战和机遇蕴藏在这些疑问中。

毕竟，错误很常见，即使是被认为已永久解决的争议也一样会错。例如，直到最近，大部分科学家同意宇宙的年龄有 2000 万年。已获得的有效数据支持了该观点，认为此事已经结束了。之后，一组天文学家生成了新的数据，表明宇宙的年龄实际上更接近 100 亿年。争议又复活了——随之而来的是探险。

# 第7章 表达问题或争议

想象一下，某一类问题会帮助你生成多种多样的问题解决方案。再想象一下，其他问题会让你突破混淆，直达争议的核心；知道这些问题会让你成为一个更自信、更成功的思考者。

好消息是，这样的问题确实存在。本章将教你识别它们并向你展示如何运用它们。

创造性过程中的这一阶段是最容易被忽视的。原因不是人们决定固执己见，在没有找到问题或争议的最佳表达方式的情况下就开干了。更确切地说，原因是他们确信这个问题或争议显而易见，考虑系统阐述它们的替代方式是浪费他们的宝贵时间。

这种思维是错误的。就像对人的第一印象一样，我们对问题或争议的最初视角可能是受限的或肤浅的。我们看到的不过是我们已经习惯看到的东西，刻板化的观念阻碍了清晰的视界，挤掉了想象力。最重要的是，所有这一切都是在没有任何警示的情况下发生的，所以我们从来没有意识到它正在发生。

你可以通过养成一种习惯——尽可能以多种不同的方式表达每个问题或争议，来避免这种视角的狭隘性。在讨论最有效的表达形式之前，我们将说明如何区分问题与争议。

## 区分问题与争议

如前所述，问题和争议在某些方面有所不同。问题是我们视为不可接受的情况，争议是见多识广的聪明人在某种程度上意见不合的事情。因此，解决问题意味着，决定什么行动将使情况得到最好的改变，而解决争议意味着，决定什么信念或观点是最合理的。

当你不确定把一个特定挑战当作一个问题还是一个争议时，请运用这个检验：问问所涉及的事项是否倾向于引起党派情绪，使见多识广的聪明人产生分歧？如果答案是“否”，就把它当作一个问题来对待；如果答案是“是”，就把它当作一个争议来处理。这里有一些典型的问题：一名学生试图在嘈杂的宿舍里学习，一个想到进医院就害怕的孩子，一个女商人正在处理老板隐晦的性骚扰。而争议的范例如：一名公立学校老师在课堂上领着学生祈祷，一名国会议员提议削减老年人的社会保障福利，一名人类学家声称人类天性暴力。

第 1 组中每一种情况都适合被看作一个问题，因为这种情况本身不可能使见多识广的聪明人产生分歧。当然，可以想象，某个人在某处可能会对某一情况采取不同寻常的看法——例如，挑战学生安静宿舍氛围的权利——但这很可能是一个很小的可能性。然而，第 2 组中的每一种情况，都可能引起相当大的分歧，因为每一情况都涉及一个本身就有争议的事项。

## 表达问题

问题和争议最好都用疑问或问句来表达，但问句的形式各不相同。表达问题最有效的形式是“如何能……？”的形式。让我们考虑一个真实案例，看看这种形式是如何应用的。几年前，由于入学人数下降、预算削减和通货膨胀，美国近 7000 所公立学校关闭了。以下是学校官员可能表达该问题的各种方式。

- 如何能提高入学率?
- 如何能削减学校预算?
- 如何能降低通货膨胀对教育的影响?
- 如何能在学校关闭后最好地利用学校建筑?
- 如何能利用学校建筑中闲置的空间来产生收入，使学校不必关闭?
- 如何能在晚上和周末使用学校建筑来产生收入?
- 如何能利用学校关闭后空置的建筑?
- 如何能利用学校关闭后失业的教师?

让我们考虑另一个问题——毒品问题。可以说，这是我们这个时代最大的社会挑战之一。这里只是表达这个问题的许多方式中的少数几种。

- 如何能教人们远离毒品?
- 如何能阻止人们从事毒品交易?
- 如何能说服名人利用他们的影响力来打击吸毒?
- 媒体如何能协助禁毒工作?
- 公民个人如何能支持联邦政府的禁毒计划?
- 如何能使执法机构免受毒枭腐败的影响?
- 如何能获得毒品生产国的支持?
- 如何能在收获前发现和销毁毒品生产工厂的作物?

对于问题的哪种表达方式为最佳，尚有分歧。但在这一点上可能没有歧见：如果我们花时间识别和考虑所有这些问题，我们就处于做出那种决定并提出创造性解决方案的更有利地位，因为每个问句都开辟了不同的思考途径。教导人们远离毒品的解决方案与摧毁毒品作物的解决方案非常不同。

## 表达争议

表达争议最有效的问句形式为“是……？”“应该……？”的形式。在我们这里所考虑的意义上，使用这样的问句并不意味着寻求简单的事实。相反，它意味着探究争议的核心元素。要确定这些元素，只需留意每一方在其论证中使用的主论点，并将其转化为问句。

例如，在堕胎争议上，反堕胎的一方论证说，胎儿是人，因此应该有权受到法律保护。支持堕胎的一方则论证说，女性的身体是她自己的，因此她应该有权决定胎儿的命运。因此，你对该争议的表述应该是：

- 胎儿是人吗？
- 胎儿是否应该受到法律的保护？
- 女性的身体只是她自己的吗？
- 女性是否有权决定胎儿的命运？

在死刑争议上，赞成的一方论证说，当一个人被证明犯了死罪时，政府有权决定其该活还是该死。反对的一方论证说，死刑构成残忍和异常处置，因此是对个人宪法权利的侵害。所以，你对这个争议的表达是：

- 政府是否有权决定一个被判死罪的人是活是死？
- 死刑是残忍的和异常处置吗？
- 死刑是否侵害了一个人的宪法权利？

一个论证的主论点要么直接表达出来，要么至少是毫无疑问隐含的。当然，它们可能比前面例子中数量更多。

"如何能……？"的问句是表达问题的最佳方式，"是……？"或"应该……？"的问句是表达争议的最佳方式，但并不意味着其他类型的问句没有价值。这只意味着，它们有不同于聚焦于挑战的其他目的。请求信息的问句，比如"谁？""什么？""何时？"和"哪里？"，在调查阶段就很有用。[①]还有那些分析诸如"为什么"与"如何"的问句，对评估和改进思想很有用。

## 当问题变成争议

在不存在争议的地方创设一个争论争议是可能的。我们表达问题的方式（或者，在稍后的阶段，我们选择的具体解决方案）可能会引起强烈的反对。例如，考虑一下毒品问题的最后一个表达："如何能在收获前发现和销毁毒品生产工厂的作物？"即使是那些决定致力于毒品战的人也可能会这样回答："大多数用于毒品的作物都可以用于其他目的。摧毁这种作物在道德上是错误的，特别是如果它们是在外国贫穷农民的土地上发现的。"

关心西弗吉尼亚州高中的高辍学率（其他州也存在这个问题）的官员们，想出了一个巧妙的方法来让学生留在学校：取消16至

① 当主题是非争议的时，诸如"是……？"的问句也属于这一类。

18 岁辍学者的驾照。学校通知了机动车管理部门，该部门给辍学者发了一封信，要求他们返回学校，否则交出驾照。然而，这个解决方案是有争议的。一些人论证，这侵犯了学生的权利，或者将对未成年人的管辖权从父母转移给了政府机构。

优秀思考者对他们的问句和断言的含意很敏感。每当你的问句或断言生成一个争议时，立即予以处理。在销毁毒品作物的情形下，相当于问："是否在有些情境下，销毁这些作物在道德上是错误的？"同时解决此事。（当然，如果你认为最合理的答案是肯定的，你就会修改或删除"作物如何能……被发现并销毁？"这个问句。）在西弗吉尼亚州高中的情形中，这意味着要问："这种行为是否侵犯了学生的权利？它是否转移了父母的管辖权？这样做有正当理由吗？"

## 表达问题与争议的指南

第一，识别挑战。当你意识到你所经历或读到的一些事情困扰着你，或者你对某些人、物或处境不满意时（阶段 1），考察该情况并将你的消极情绪提升到有意识的水平。问问你自己："我到底是什么感觉？悲伤？愤怒？沮丧？这种感觉的来源是什么？"然后决定，是把困扰你的事当作问题还是当作争议来处理。

第二，表达问题或争议。使用适当的问句形式——"如何能……？"适合一个问题，"是……？"或"应该……？"适合一个争议——写在纸上表达问题或争议，而不仅仅是在你的脑海里。写下你的表达有两个重要原因：首先，将脑力和体力的努力结合起来，将想法外化，往往有助于厘清想法；其次，正如任何一位作文老师都会证实的那样，写出一个想法的行为本身就会引发其他想法。强迫自己生成尽可能多的问题或争议表达式。

第三，精炼你的表达。在你用尽可能多的方式表达了问题或争议之后，精炼这些表达。也就是说，用精确代替含混，用具体语词代替一般语词。当你不能肯定它指向的是哪种解决方案时，这个表达就太含混或太笼统了。例如，“如何能解决学校的就学问题？”和“如何能消除毒品问题？”，没有特别指向，因此应加以修改。

## 谨慎表达的益处

### 帮你走出熟悉圈和习惯圈

第一个出现在你脑海中的视角，通常会严重倾向于熟悉的、习惯的方式去看待和解释。因此，第一个视角比后来的视角更有可能反映出不良思考习惯：我的－是－更好的习惯、保全面子、抗拒改变、随大流、刻板化和自我欺骗。创造力不太可能从这些习惯中产生。

### 让你的思考保持灵活性

一旦你采取了一种视角，即使是暂时的，你也很难容纳另一种不同的视角了。对于争议尤其如此。对于一个争议，你一旦在没有任何真正分析的情况下就有了某一立场，即使是偶然的，你的视角也会对该争议变得不灵活。因此，即使考虑到给人深刻印象的新证据，你也很难进一步考虑该争议。

为了体会你“锁定”一个视角的速度，以及一旦你这样做了就很难接纳另一个视角，请至少仔细观察下面两幅图片一分钟。然后继续阅读。

老妇与女孩　　　　花瓶与面孔

在左图中，你应能看到一个老妇和一个少女；在右图中，你应能看到一个花瓶和两张面孔。在每一种情况下，许多人都很容易看到其中一幅图像，而很难看到另一幅图像，直到有人给他们指出。（如果你仍没看见两幅图像，请扫描封面上的二维码，发送“学会思考”获取电子资料，并翻到其中第 081 ～ 082 页寻求帮助。）然而，一旦你看到了两幅图像，你就可以在它们之间自由且快速地来回切换。看争议的视角也是如此。如果你强迫自己接受各种各样的视角，你就能更好地保持灵活性。

## 打开多条思路

一旦你确定了一个视角，你就关闭了除一条思路外的所有思路。某类想法会出现在你的脑海中，但只有这类想法，而没有其他类的。因此，如果把那位发明机动手推车的残疾人的问题定义为“如何躺在床上打发时间”，而不是“如何下床在家里四处走动”，他就永远不会构想他的发明。

你仔细看过火车上的轮子吗？它们是装有法兰的（flanged）或带凸缘的。也就是说，车轮内侧有凸出来的部分，以防轮子滑出轨道。最初，火车轮子不是带凸缘的；相反，铁轨带凸缘。

因为铁路安全问题曾被表述为“如何能使轨道对火车行驶更安全？”。成千上万英里的铁路轨道是用不必要的凸缘铁轨制造的。仅当有人想把这个问题重新定义为“如何使车轮更安全地抓住轨道？”的时候，带凸缘的轮才被发明出来。

人们思考受限的一个缘由是，突破性创意要花数年甚至数世纪才能形成。现代牙周手术的发展就是一个恰当的例子。在这个载入人类历史的创意被发明之前，一些没有牙齿的老人可能会想：“我没有牙齿该如何准备食物？”在问了这个问句之后，他们可能会突然想到，用石头把食物捣成粉末或糊状。后来，历史告诉我们，古代伊特鲁里亚人（Etruscans）问道：“牙齿掉了以后，我们要怎么咀嚼食物呢？”然后开始发明假牙。但是几千年过去了，才有牙医想到要问：“我们怎样能使牙龈恢复健康，使松动的牙齿在下面的骨骼中更牢固？”之后发明了牙周手术。毫无疑问，一些有创造力的人此刻在问：“人们的牙龈如何才能永久免受疾病的侵害？”

在处理争议时，保持一条以上的思路特别紧迫。人类想要理解事物的动机（我们应该承认，这是一种健康的动力）往往会导致你在争论中太快地站队。一旦你选择了某一方，此后你就会被一种强大的诱惑所累，这种诱惑会让你忽视另一方的所有论证和证据——的确，你会忽视那些理智要求你问一问的问句。

例如，一个严格的神创论者相信地球只有几千年历史，倾向于避免沉思这个问句：“测定岩石和其他材料年代的科学技术是否可能像我的信仰所暗示的那样不准确？”同样，一个严格的进化论者把所有存在的东西都严格地归因于物质原因，会倾向于避免思考这个问句：“是否有可能是一位至高的上帝创造了进化过程，使万物得以存在？”当然，如果他们都能提出自己往往忽略的问句，他们就会成为更好的思考者。

当你处理问题和争议时，保持多种思路的开放可以使你生成超前于时代的创意，避免思想狭隘。

## 问题的范例

前段时间，一个大学城发生的一个情况说明了这里讨论的方法。中年妇女珍在多年后重返大学完成她的学位。她住在校外的公寓里。她楼下的邻居是个年轻女子，该女子把立体声音响的音量开得很大，声音可以在顺风的情况下到达符拉迪沃斯托克。至少在珍看来是这样。那声音和女子的粗鲁激怒了她。她思考了这个问题，想出了以下对该问题的表达方式：

- 我怎样才能说服她关掉音响呢?
- 我怎样才能迫使她关掉音响呢?
- 我怎样才能吓唬她搬家呢?
- 我怎样才能摆脱噪声?
- 我如何能像她烦我那样烦她呢?

珍认为，问题的第一种表达方式最好，于是她开始研究如何接近这个女子。她试着回忆过去自己经历过或听别人讲述过的类似的困难的情景。然后，她对可能采取的方法进行头脑风暴式思考。在生成了大量点子之后，她选择了最好的一个，去找那个女子，试了试。然而那个最好的点子失败了，音乐继续震耳欲聋。

珍很失望，又看了看她的表达清单，很可能出于她的愤怒，认为强迫可能会成功，而说服不会。她又研究了一遍，又产生了一些点子，然后选择并执行了其中的两个，而不是一个：向公寓业主报告这件事，并向警方投诉。结果令人沮丧。业主向那个女子发出了微弱的呼吁，警察给了其半心半意的警告。安静了一两天之后，音乐又响起来了。

现在，珍认为她对问题的最后表达是剩下表达中最好的。她兴高采烈地列出了几十个烦扰那个女子的可恶想法（包括在地板上钻个洞，把水倒在音响设备上），然后她恍然大悟。珍是个运动健将，喜欢打网球和慢跑。为什么不把锻炼用作武器呢？于是她这么干了。她给自己买了一根跳绳，每天早上 4 点，准时在卧室里跳绳——就在熟睡女子的头顶位置。砰，砰，砰。复仇是多么惬意啊。

接下来发生的事情证明，珍的想法比她想象的更有创意。几天后，那个女子敲了珍的门，不好意思地解释说，珍跳得让她睡不着。珍抓住机会回敬道："告诉你，如果你把音响声音关小一点，我就不跳绳了。"女子同意了，问题解决了。

## 争议的范例

下述情况说明了争议的表达与问题的表达是如何不同。[①]

你在报纸上读到一篇报道，该报道说一家全国连锁便利店决定不再出售以性为重点的杂志。报道称，该连锁店的决定反映出公众对各种形式的色情内容越来越反对。你决定要解决这个话题中隐含的挑战。

① 由于对这里要说明的争议的充分处理需更大篇幅，与对问题样本的讨论不同，此处的讨论仅限于争议的表达。

你的第一步是，决定这个话题应被视为一个问题还是争议。由于色情把见多识广的聪明人分开了——一些人认为它无害，另一些人认为它有害——你决定视它为争议。接下来，你考虑在关于色情的正反论证中找出争论的基本要素。那些相信色情作品无害的人经常论证：（1）对色情作品传播采取宽松态度国家的性犯罪发生率并不比美国高；（2）观看色情作品为性紧张提供了一种健康的释放方式；（3）言论自由权适用于色情作品制作者。另外，那些相信色情是有害的人经常论证；（4）它助长一种扭曲的性观念和对女性的负面看法；（5）它鼓励不负责任的、不道德的性行为，包括施虐受虐症，以及儿童与成人之间的性行为。

对争议因素的考虑，将你引至对该争议的以下表述（与上面的数字编号相对应）上：

（1）在对色情作品采取宽松态度的国家，性犯罪的发生率是否更低？

（2）看色情作品能为性紧张提供一种健康的释放方式吗？是在每个人身上，还是在某些人身上？答案是否取决于所观看色情内容的种类？

（3）言论自由权适用于色情作品制作者吗？

（4）色情作品是否助长了一种扭曲的性观念和对女性的负面看法？它是否对某些人起作用而对另一些人不起作用？年龄在这里是一个因素吗？

（5）所有色情作品都鼓励不负责任、不道德的性行为，包括施虐受虐症以及儿童与成人之间的性行为吗？还是某些色情作品会鼓励这些？

仔细探讨这些问句将使你准备好回答这个争议的更一般表达：无论如何应该限制色情作品的销售和分发吗？

# 第8章 调查问题或争议

如果每个问题或争议都有一个工具包，其中包括解决它所需的全部信息，可就方便多了。遗憾的是，这种情况很少发生，我们必须自己去寻找。

在本章中，你将获悉大量信息源，学会如何有效且富有想象力地使用它们。你还将学习如何在可能的情况下进行自己的研究。

调查（investigation）是一个创造性阶段，这种说法似乎有点怪怪的。你也许会认为，这是一项枯燥乏味的工作，几乎不涉及任何形式的思维，更不用说创造性思维了。在某种程度上，这种想法是对的。许多人进行调查的方式，实际上很少或根本没有思考，这就是为什么他们的调查经常是徒劳的。

我们所定义的调查，不仅仅意味着例行获得与其他人相同的信息。它意味着以多种方式，在多个地点搜索信息，这些方式和地点是缺乏创造力的人从未想到的，我们可以依此来获取被别人忽略的信息。调查意味着在探索中运用我们的智慧和独创性，充满想象力。

并不是你所遇到的每个问题都需要重要的调查。例如，如果你决定在运动裤的绳子滑落时不再抱怨，你就可以在不使用调查阶段的情况下应用创造性过程。你可以通过多种方式识别问题——“我怎样才能轻松地再次穿入绳子？”“我怎样才能避免它以后再次滑落呢？”“我怎样才能根除对绳子的需求？”——然后直接进入创造性过程的第 3 个阶段：调查问题或争议。

然而，在许多其他情况下，调查阶段是这一过程中的关键一步。为治疗牙周病而发明创造性外科手术的科学家，首先必须研究牙周病的本质——也就是说，它的起因，它从最初的感染到牙齿脱落的过程，以及各种要用的技术方法、医疗工具与有效途径。以不受欢迎的涂鸦为例。涂鸦吞噬器（Graffiti Gobbler）的发明依赖于对尝试过但未成功的技术的了解和对化学的基本理解。路易斯·巴斯德写道：“灵感是一个事实对一个准备充分之头脑的撞击。”调查阶段提供了这种心理准备。

调查对复杂或争论争议尤为重要。在这种情况下，除非你知道所有相关的事实，包括涉及的各种论点与人们遵循的不同推理路线，否则你不可能做出正确的判断并制定切实可行的解决方案。A. E. 曼德（A. E. Mander）生动地阐述了这一点：

> 一个人掌握的事实越少，问题对他来说就越简单。如果我们只知道十来个事实，要找到一个适合它们的理论就不困难。但是，假设还有50万个已知其他事实——而我们不知道——那么，我们那可怜的、被设计用来适用的小理论有什么价值呢？它也许只适用于50万个已知事实中的十来个！

有时单个事实能造成显著差异，正如一项关于多重人格障碍的研究显示，97%的受害者在儿童时期曾受到虐待。

要害不在于你会被困难问题和争议吓倒而放弃——那当然不会帮助你成为一个更好的思考者。你应该意识到透彻调查的重要性，不要如谚语所说的“像蠢人一样闯进天使不敢涉足之地”。

## 调查什么

一般而言，解决问题或争议所必需的信息包括事实和知情的意见（informed opinions）。以下是常见的信息源。

## 目击者证言

这种证言通常与法庭相联系，但从更一般的意义上讲，它由做出观察的那个人所叙述的任何观察构成。在场的某个人对委员会会议上发生事情的报告构成目击者证言，正如目击一场汽车事故的某人陈述一样。

目击者证言通常被认为是高度可靠的，但这是一种误解。研究表明，感知会受到许多因素的影响，包括一天中的时间、天气条件、情绪状态以及机警度。此外，记忆随着时间的推移而改变，正如伊丽莎白·洛夫特斯解释的：

> 保存我们记忆的“抽屉”显然是非常拥挤和密集的。它们也不断地被掏空，四处散落，然后又被塞回原位……随着新的信息被添加到长期记忆中，旧的记忆被删除、取代、揉皱或被挤到角落。一些小细节被添加，混淆或无关的事实被删除，一个与原始事件几乎没有相似之处的事实的融贯结构被逐渐创造出来。

由于目击者证言可能准确，也可能不准确，你不应就其表面接受它。相反，只要有可能，就试着去验证它。

## 未发表的报告

这种信息有时反映真相，有时只是传闻。如果你熟悉“谣传”这个游戏，你就会知道，一个故事被讲得越多，它被改变的可能性就越大，通常是戏剧性改变。电子邮件中充斥着未发表的报告。即使你只有几个通信者，你也可能每天收到许多这样的报告。有时它们以警告的形式出现，提醒你做或避免做某些事情，以免伤害到你或你的电脑。它们往往是不真实的。因此，在接受或重述未发表的报告之前，审慎的做法是核实其准确性。

### 已发表的报告

这类信息可以在书籍、杂志、专业期刊、收音机和电视广播中找到，在百科全书、年鉴和字典等参考书中找到，也可以在互联网上找到。当信息以脚注或尾注形式记录时（有时是这样），你可以核查原始来源予以验证。如果没有提供文献记录，你应该考虑作者或出版商的可靠性声誉是否足以让你信任这些信息。（还要记住，即使是值得信赖的人也会出错。）

### 专家意见

专家意见一般比大多数其他信息源更值得信赖，因为专家比外行更熟悉他们学科的复杂性，也能更好地区分典型事件和非典型事件。然而，知识爆炸使得即使是一个学科的单一领域，也很难跟上发展的步伐，更不用说整个学科了。因此，一个人可能在其学科的某一特殊领域享誉世界，但对其他领域一无所知。在接受专家意见之前，最好确保此人在所讨论的这个特殊领域是有资质的，并且检查一下，看看该专家的观点是不是与其他专家一致。永远不要混淆名气与专业知识。

### 实验

实验是一种受控制的过程，用于检验假说（预见或说明现象或行为的陈述）的有效性。研究者从提出一个或多个假说开始实验。接下来，研究者决定哪些行为特征可以被测量、评级或赋分；这些特征被称为变量。最后，研究者构建并实施实验，分析实验结果数据。

实验有两大类：实验室实验和现场实验。实验室实验有控制条件的优势，允许更准确地确定因和果。然而其劣势是，实验者无意中影响了结果。如果实验室实验的结果被其他研究者复现，那它就是可信的；现场实验的结论如果得到独立的证实，也是可信的。

在一个著名心理学实验中，哈尼（Haney）、班克斯（Banks）和津巴多（Zimbardo）检验了一个假说：人们选择或被分配的角色会强烈影响他们的行为方式。研究者在一所大学大楼地下室进行为期 6 天的“监狱”实验，让大学生自愿（有偿）参加。一些学生被随机分配为“囚犯”，另一些被分配为“看守”。在相对较短的时间内，“囚犯”出现了一种或多种情绪症状，包括抑郁、无助、冷漠、愤怒和恐慌。这些“看守”很快就具备了监狱工作人员的共同特点。有些人善良、公正，但有些人残忍、虐待人，即使“囚犯”没有给他们这样做的理由。当实验结束时，所有“囚犯”都松了一口气，但大多数“看守”感到失望：他们发现自己的权力地位令人愉快，不愿放弃它。

在另一个著名实验中，所罗门·阿希（Solomon Asch）检验了一个假说：如果人们在群体压力下服从，他们就会否定自己的认知和判断。阿希的实验很简单。研究者依次向 8 名学生展示了一张纸，上面有一条 10 英寸的线和另外 3 条标有 A、B 和 C 的线，然后问他们这 3 条线中哪一条与那条 10 英寸的线一样长。正确答案是 A，其他线明显或短或长。第 8 名学生不知道的是，之前所有回答问题的学生都被秘密指示选择 B。等到第 8 名学生回答问题时，顺从的压力已经很大了。不出所料，大多数排在第 8 名的学生迫于压力，给出了错误答案。与之前的实验一样，在这个实验中，研究者的假说得到验证。

### 统计

按最广义的说法，统计一词指的是被量化的信息。在狭义上，它指的是通过计算群体中每个个体而获得的信息。统计信息的例子如：国会议员的投票记录，过去 50 年的移民模式，以及不同种族和民族群体的收入比较。如果仔细收集和诚实地呈现，统计信息是非常可靠的。在考虑任何统计信息时，要确定数据的完整性和时效性，以及统计学家的声誉。

### 问卷调查

像统计一样，问卷调查也生成被量化的信息。然而，问卷调查是对一个群体的代表性样本而不是整个群体进行的。一项问卷调查确定某一特定人群（其专业名称是总体）的意见、信念或行为。如果该总体不大，就可以调查其所有成员。然而，如果总体太大，就调查数量更有限的成员或样本。样本必须代表总体，为了确保这一点，研究者需要采取系统的方法，例如，从总体成员名单中每隔 10 个、20 个或 100 个名字进行挑选。实际调查可以通过邮寄（或其他方式递送）和自行管理的方式进行，也可以当面或打电话进行。调查问题通常是填空题或多项选择题，旨在确定被试对被调查问题的感受、想法或行为。为了使问卷调查有效，所有问题都必须清晰、无歧义、没有偏见。

### 观察性研究

顾名思义，这种方法包括密切考察正在发生的事件或活动，以便理解它，并在某些情况下找到改进它的方法。研究者可以是参与者，也可以是旁观者。在后一个角色中，研究者的实际存在并不一定是必需的，该活动的一盘录像带就足够进行研究了。例如，负责改善公司客户服务部门的高管，可能会花一周左右时间来完成这项工作，或者安排录制客户服务人员与客户互动的视频。（当然，工作人员会被告知他们正在被录像。）从这项研究中，高管将了解到客户服务人员需要处理的各种情况，完成交易所需时间的变化，伴随工作的困难和挫折，以及为实现客户满意度所采用策略的相对有效性。

通过正式观察得出的结论通常是可靠的，前提是：（1）这些观察有足够的持续时间，以确保该群体的行为不是异常的；（2）观察者没有因为其在场而影响该群体的行为；（3）结论没有过度概括，即概括范围没有扩大到其他群体（与所观察群体可能有所不同）。

### 研究综述

顾名思义，研究综述汇集并比较了大量（通常是数十或数百个）单独研究的结果。由于它可以揭示研究者之间广泛的共识和分歧，所以，只要不遗漏任何相关研究，它就是最有价值和最可靠的那类信息之一。

### 你的个人经验

你的个人经验通常是最生动的信息，因为你很熟悉它，对它更信任。不幸的是，这种自信可能会让你认为某一经验是典型的，而实际上可能不是，从而过早地结束你的调查。最佳方法是，将你的个人经验与其他信息结合起来，而不是将其作为替代品。

在参考你的个人经验时，请记住，它可能比你意识到的更重要、更相关。如果你像许多人一样，把每一个学科，以及某一学科内的每一个方面，都整齐地、永久地与其他学科分开，就更是如此了。在这种情况下，你可能永远不会梦想在一首诗中找到科学的洞见，或者在一本数学书中找到伦理问题的线索。然而，许多具有创造性的洞见，恰恰来自这些意想不到的地方。

例如，可以毫不费力地移动最重物体的叉车，其发明者第一次想到它时正站在面包店里。他注意到甜甜圈是如何用钢“手指”从烤箱里被拿出来的，于是他想：“为什么在仓库里不能用同样的方法呢？”类似地，约翰内斯·古腾堡（Johannes Gutenberg）第一次想到印刷机的创意是在他观看一台葡萄榨汁机的操作时。长期以来，他一直在思考如何加快图书生产速度；既定的方法是把字费力地刻在石板上，然后用纸在上面摩擦。葡萄榨汁机暗示了一个点子，就是把带墨水的铅封压在纸上，把图像转印到纸上。

秘书桌和手术室之间有什么联系呢？或者，佛罗里达海洋世界的海豚和唐氏综合征儿童的教育之间有什么关联呢？“根本没有联系。”大多数人会说。然而，有创造力的人看到了一个非常有价值的联系。外科医生现在使用订书钉代替缝合线，以节省时间和减少失血。佛罗里达国际大学（Florida International University）的心理学教授戴维·内桑森（David Nathanson）已经证明，患有唐氏综合征的孩子和训练有素的海豚在泳池里待上一段时间后，他们能更快地学会说话，也能更长久地记住单词。他注意到，这些不能安静地坐着听老师讲课的孩子，却会和一只小狗玩一刻钟，由此他产生了做这个实验的想法。考虑到将这种对动物的兴趣很好地运用到教学中，他决定用海豚作为实验对象。

除了寻找你现在产生的想法之间的联系，你还可以寻找你在过去的经验和观察中忽略的联系。你肯定有成千上万的经验被归类在一个标题下，而这些经验其实可以归在几个标题下。例如，也许你小时候去游泳，离海岸有点远，挣扎、惊慌，差点淹死，直到一个朋友救了你。那次经历和周围环境可能会在你的脑海中留下死里逃生的印象。但想想其他可能的分类：恐惧对表现的影响，孩子服从父母的重要性，个人牺牲在友谊中的作用。通过在过往经验和观察之间看到更多的联系，你可以倍增有用信息的储备。

## 你认识的人的经验

对你来说，别人的经验可能与你自己的经验一样有价值。要利用朋友的经验，问他们一些刺激他们思考的问题，帮助他们记起。假设你的问题是如何克服恐高症，你可以问朋友：“你曾经害怕过高处吗？”但这不是表达这个问句的最佳方式。你朋友的任何恐惧，都可能给你提供有用的信息，所以你的第一个问句应该更广泛。你应该准备好系列问句，以有助于你的方式引导你的朋友回忆。你可以这样做：

你：朋友，你是否曾经有过一种想要克服的挥之不去的恐惧？

朋友：我不知道……我想是的。嗯……（试图回忆一些具体的事情）

你:（刺激回忆）我的意思是，比如害怕被封闭，或者狗，或者高处。

朋友：对，在约12岁的时候。我还记得，我在送报途中被狗吓到了。

你：跟我说说。你感觉如何?

在后续会话中，你可以问他，恐惧是如何开始的，更重要的是，你的朋友是如何应对和克服恐惧的。你还可以问，他是否从别人那里得到过任何有用的建议，或者是否知道任何关于克服恐惧的书籍和文章。你甚至可以和你的朋友分享你的恐惧，并询问对方的反应。

在任何时候，当你试图以这种方式借鉴别人的经验时，请记住两点。首先，有些人比其他人更乐于助人。问一个优秀思考者而不是一个差劲思考者，问一个开放、健谈的人而不是一个害羞、遮遮掩掩的人，你会得到更好的结果。其次，成功的提问，不仅取决于你在合适的时间提出合适疑问的能力，还取决于你在其他时间倾听的意愿，对别人的经验敞开心扉，不让其他想法（甚至是分析性想法）侵扰。

不要完全依赖你的记忆也是一个好主意。相反，要养成做笔记的习惯。在大多数情况下，最好在谈话结束后马上写，而不是在谈话期间写，因为如果你在他们说话的时候写，他们可能就会分心。

## 利用图书馆

也许你认为图书馆是沉闷无聊之人的聚集地，是个对充满活力和创造力的人毫无用处的场所。这是一个错误观点。其实，图书馆最好被视为在其他地方不可得的、与权威进行面谈的一间正式会议室。这正是优秀思考者看待它的方式。

如果你对图书馆的厌恶是基于对逗留时间过长的恐惧，那么你会很高兴地获知，最经常利用图书馆的人——专业作家、演讲家和学者——比你更有理由节省时间。他们经常有难以满足的最后期限。对他们来说，效率不仅仅是一个偏好问题，还是一个微不足道的问题。然而，他们并不躲避图书馆，他们只是更有效地利用它。

要像专业人士那样利用图书馆，第一步是确定可能适用于你主题的所有标题和副标题。因为搜索的信息可能出现在图书馆各种来源的不同标题下。这是重要的一步。首先，发挥你的想象力，列出尽可能多的标题。例如，对于犯罪，你可能会想到杀人、强奸、绑架、故意破坏和入室盗窃等子主题。接下来，你可以通过查阅大多数大学图书馆提供的两个资源，即《美国百科全书》的索引卷和《心理学索引术语辞典》(《心理学文摘》的配套卷)，来扩展标题清单。你会发现诸如重罪、轻罪、反社会行为、行为障碍、性心理行为和杀婴等附加的标题。

一旦你确定了你要查找信息的分类标题，就可以使用以下简单且有效的方法来获取信息：

第一，查阅一本好的百科全书，对你的主题有一个全面的了解。《大英百科全书》和《美国百科全书》通常被认为是最好的。注意重要的事实。此外，注意可能在进一步研究中有用的特殊术语。

第二，查阅年鉴。年鉴是关于各种各样主题的事实和统计信息的集合。例如，在犯罪这个主题上，你可以在多达 24 个特定列表下找到信息。大多数年鉴一年出版一次。因此，你可以快速轻松地获得比较数据（例如 1970 年、1980 年和 1990 年的数据）。

第三，查阅合适的索引。索引并不表示你要查找的信息，但它们告诉你在哪里可以找到这些信息，从而为你节省大量的时间和精力。以下是一些最常用的索引。（你的图书管理员还能够建议别的）

- 对于非专业期刊的信息——《期刊文献读者指南》
- 对于专门和技术性出版物的信息——

  《应用科学和技术索引》

  《艺术索引》

  《传记索引》

  《生物与农业索引》

  《书评索引》

  《商业期刊索引》

  《教育索引》

  《工程索引》

  《散文与一般文献索引》

  《一般科学索引》

  《人文索引》

  《法律期刊索引》

  《杂志索引》

  《音乐索引》

  《哲学家索引》

《心理学文摘》

《宗教索引一：期刊》

《社会科学索引》

- 获取报纸报道中的信息——《纽约时报索引》
- 获取政府出版物中的信息——《美国政府出版物月度目录》和《国家出版物月度清单》

第四，查阅计算机数据库和摘要服务。借助现代信息检索技术，数据搜索比以往任何时候都容易。你的图书管理员可以向你交代可用的数据库。也可以请求《社会学文摘》《美国：历史与生活》和《国际学位论文文摘》之类的文摘服务。

第五，使用图书馆在线目录的主题标题功能查找与你的主题相关的书籍。使用宽泛主题标题和狭窄主题标题，一本涉及更大主题的书通常会有一两章与你的主题有关。

第六，获取并阅读与你的主题最相关的书籍和文章。虽然你阅读的书籍和文章的数量取决于你计划的范围，但除了最简短的处理之外，这个过程的前 5 个步骤都应该遵循。

这些参考书只是基础参考书。因此，重要的是要记住，你在图书馆最重要的资源是在那里工作的人——图书管理员及其助理。他们可以推荐其他研究材料，帮助你扩展你的专业知识。

## 使用互联网

在相对较短的时间内，互联网已经成为最流行和最有用的研究工具之一。一个重要的原因是，你可以随时随地上网，比如访问商业网站、组织网站、政府网站以及教育网站。

## 保持质疑的视角

在处理已发表的观点，尤其是知名权威人士的观点时，你也许会试图放弃自己的判断。让这种情况发生是个错误。知名权威人士作为人，也会像其他人一样犯错误。例如，他们可能会被个人偏好所蒙蔽，固执地坚持过时的观点，在推理方面出现失误。

即使他们设法避免了这些基础性错误，他们也可能错过了本领域或相关领域的重要新发展，或者，他们也许误解了这些发展的意义。每个领域都在不断地进行研究，而这些努力的成果，经常推翻了先前的结论。例如，多年来，医学专家一致的意见是，进食脂肪会增加患心脏病的风险，食用大量盐会导致血压升高，频繁食用鸡蛋会导致血清胆固醇增加，成年期的肥胖取决于童年的饮食习惯。然后，新的研究成果发表了，对这些结论提出了挑战，并导致专家意见被修改。

新的见解往往需要数年时间才能成为专业人士的一般知识，这一事实使问题进一步复杂化。心理学家卡罗尔·塔夫里斯（Carol Tavris）在1982年发表的杰出研究——《愤怒：被误解的情绪》，驳倒了“发泄敌意是有益的”这个传统假设。然而，支持先前观念的文章仍在不断涌现，这些文章的作者显然没有注意到塔夫里斯的工作，或者是非理性地坚持一个错误观点。

因此，就如寻求权威意见很重要一样，保持质疑的视角也同等重要。要做到这一点，最好的办法是咨询几个持不同观点的权威人士，向他们每个人问探索性问题，并比较他们的回答。

## 管理访谈

你的大部分调查很可能都是在图书馆或互联网上完成的。不过，偶尔你或许有机会访谈一位权威人士（例如，你所在学校的一位教授，他对你正在调查的领域有专门研究）。在这种情况下，请遵循以下基本原则：要体贴奉献了宝贵时间的受访者，不应将接受访谈视为理所当然。下面是一些表达体贴的具体方式：

第一，提前打电话或写信预约。解释清楚你想要讨论的内容，你要花多长时间。（时间越短越好，最好不超过半小时。）在最适合受访者日程安排的某个时间进行访谈。

第二，在访谈之前，努力学习你将要讨论主题的基本知识。如果主题是有争议的，了解争论中的争议，至少对竞争的论证有个一般概念。

第三，提前仔细准备你的提问。让提问清晰且简短。尽量避免问“是”或“否”的问题，它们不会很有帮助。例如，不要问“你同意州长的立场吗？”，而是问“你对州长的陈述有何回应？”。如果你充分了解与受访者观点相反的观点，你就可以这样问：“某某博士如此这般说。你会如何回应？”假如你对相反观点了解不够，那就问：“那些反对你观点的人在哪些问题上与你有分歧？你会如何回应他们的不同意见？”

第四，预测对你最初提问的回答，并准备后续提问，以探讨那些你觉得不够深入或没有触及你希望触及的要害的回答。

第五，准时到达。开始访谈就开门见山。让你的提问简洁明了。避免提前思考下一个提问，而要仔细倾听回答。如果受访者的任何评论打开了争议的某一方面，而这个方面是你未曾考虑但值得追究的，你就一定要追究。不过，尽量不要持续太久。

第六，如果可能的话，不要让对方在你做笔记的时候等待。如果你不会速记或手写速度不快，可以考虑录制访谈过程。（一定要获得许可才能录制访谈。永远不要想当然地认为对方可以接受录音。）

如果不可能进行面对面访谈，那么可以考虑电话访谈。这种访谈的方式与前述相同，只不过有两项额外要求。首先，一定要提前打电话或写信，确定什么时候访谈最方便。无故假定你已准备好，且你的访谈对象也准备好了，是粗鲁的。其次，记得在电话访谈时，吐字清楚，问清晰、简洁的问题特别重要。

## 避免剽窃

一旦思想被付诸文字并发表出来，它们就变成了“知识产权”，作者对这些思想就像对房子或汽车等物质财产一样，拥有同样的权利。唯一真正的区别是，知识产权是用精神努力（mental effort）产生的，而不是金钱购买的。任何曾经绞尽脑汁试图解决一个问题，或试图用清晰且有意义的语言表达思想的人，都能体会到精神努力到底有多难。

剽窃就是把别人的思想或话语冒充为自己的。这既是偷窃又是欺骗，是双重冒犯。在学术界，剽窃被认为是一种违反道德的行为，会受到论文或课程不合格的惩罚，甚至会被机构开除。在学院之外，如果材料的所有者希望提出指控，这就是一种可能导致起诉的犯罪行为。从法律的角度来看，窃取思想或用来表达思想的话语，就是像偷窃记录思想的电脑一样的犯罪。

有些剽窃是由于蓄意的不诚实，有些则是由于粗心大意，但许多（也许是大多数）是由于误解。“你的论文要基于研究，而不是你自己毫无根据的意见”和“不要把别人的思想当成你自己的思想提出来”，这两个指示似乎相互矛盾，可能让你感到困惑，尤其是在没有提供澄清的情况下。幸运的是，有一种方法可以在这个过程中既尊重这两个指示，又避免剽窃，可分为3步。

第1步：当你在研究一个主题时，保持将信息来源的思想与你自己的思想分开。首先记录你所咨询的每个信息的来源。对于互联网来源，记录网站地址、作者和标题，以及访问该网站的日期。对于一本书，记录作者、书名、出版地、出版商和出版日期。对于杂志或期刊文章，要记录作者、标题、出版物名称和哪卷哪期。对于电视或广播，记录节目名称、站台名称和播送日期。

第2步：当你阅读每个来源时，记下你想在写作中引用的思想。如果作者的话语异常清晰和简洁，就准确地复制它们，并用引号把它们引起来。否则，采用转述，也就是用你自己的话重述作者的思想。写下作者的段落所在的页码。

如果作者的思想在你脑海中引发了反应——比如一个疑问，这个思想与你读过的某个东西之间的联系，或者发现你自己的某个经历支持或挑战作者的思想——就把它写下来，用方括号（不是圆括号）括起来，这样的话，你在复习自己的笔记时，就能认出它属于你自己。以下是说明这两个步骤的研究记录的一个样本：

莫蒂默·J.阿德勒:《伟大的思想：西方思想词典》（纽约：麦克米伦出版公司，1992年，第867、869页）说，从古希腊开始，历世历代的哲学家一直在争论各种思想是否为

> 真。他说，值得注意的是，大多数著名思想家都同意什么是真理——“思想与实在之间的符合”。(867)还说，弗洛伊德将此看作是对真理的科学看法。引用弗洛伊德的话：“这种与真实外部世界的符合，我们称之为真理。真理是科学工作的目的，即使这项工作的实际价值并不让我们感兴趣。”(869)
> [我说真陈述符合事实，假陈述则不然。]

无论何时，即使是一年后，当你回看这些记录时，你一眼就能看出，哪些思想和话语是作者的，哪些是你的。除了直接引用的部分，前3句话是作者思想的转述。第4句是直接引语。方括号内的话是你自己的想法。

第3步：当你写文章时，通过明智地引用和转述，把借来的思想和话语融入你的写作中。此外，把功劳归于各位作者。在这里，你的目标是消除对哪些思想和话语属于哪些人的全部疑问。在正式表达中，这种归功是在脚注中完成的；在非正式表达中，只要提到作者的名字就可以了。

在此，有个例子说明源自阿德勒的材料如何能融入一篇文章。第2段说明了如何扩展你自己的思想：

> 莫蒂默·J. 阿德勒解释说，自古以来，哲学家一直在争论各种观点是否正确。但对阿德勒来说，值得注意的是，即使在他们争论的时候，大多数著名思想家都对什么是真理达成了一致。他们认为这是“思想与实在的符合”。阿德勒指出，西格蒙德·弗洛伊德认为这也是科学的真理观。他引用弗洛伊德的话：“这种与真实外部世界的符合，我们称之为真

理。真理是科学工作的目的，即使这项工作的实际价值并不让我们感兴趣。”

这种真理的符合论与常识规则是一致的，即如果一个陈述符合事实就是真的，如果不符合事实就是假的。例如，“纽约世贸中心双子塔于2002年9月11日被摧毁”这一说法是错误的，因为它们是在前一年被摧毁的。我可能真诚地相信那是真的，但我的相信绝不影响事情的真相。同样，如果一个无辜的人被判定有罪，无论是法院的判决，还是全世界对该判决予以认可，都不会使他的清白有所减少。我们可以自由地想我们想要的，但我们的想法不能改变实在。

* 莫蒂默·J. 阿德勒:《伟大的思想：西方思想词典》(纽约：麦克米伦出版公司，1992)，第867、869页。

引用或转述通常会出现3个问题。以下是对每个问题的说明，它们一道构成一个实用的解决方法。

问题1：决定是引用还是转述。一般规则是，只有当某一陈述表达得非常好且简洁，以至于转述会增加不必要的语词或失去原句的力量时，才引用。这种情况很罕见。大多数段落也可以通过转述来表达——有些实际上能得以改进。

**应该被引用而不是转述的陈述：**

“任何善举，无论多么微小，都不会白费。”伊索

“我们所为，即是所想。”佛陀

“一个人不可能学会他自以为已经知道的东西。”埃皮克提图(Epictetus)

**应该被转述的陈述(附上建议的转述)：**(注意，转述中陈述

了材料的来源，这样就对这个思想进行了归属。）

“心怎样思量，为人就怎样。”《箴言书》23：7（转述：正如《箴言书》提醒我们的，我们正如我们所想的那样。）

“一个不按照自己信念生活的人对什么都没有信心。”托马斯·富勒（Thomas Fuller）（转述：要成为真诚的人，信念必须付诸实践。）

问题2：把作者的话语转换成你的话语。构建一个转述是一项耗费脑力的事，因为它涉及对表达思想的替代方式的思考。人们很容易这么说，“作者言说的方式就是唯一的方式”，并满足于引用。但如果这样做了，你很快就会发现你文章的大部分都需要引号。不想让人看上去是一种明显的模仿，你也许决定去掉引号。但这样你就构成了剽窃！

这个问题的解决办法是，承认总有替代方式来表达一个思想，而且，你只需要付出些许努力，投入一点点想象力，就能找到替代方式。下面是谢尔比·斯蒂尔（Shelby Steele）《白人的负罪感》（*White Guilt*）一书中一段话的有效转述。（为了这个练习目的，出现在不同页面上的5个段落被合在一起，用省略号表示原来的相连之处。）

**原文**

“……这种（20世纪60年代）新的黑人意识，使黑人陷入了一个巨大的错误：说服自己放弃我们刚刚赢得的个人自由，除了触发白人的义务，没有任何目的……民权运动的目标已经从简单要求平等权利，升级为要求重新分配黑人进步的责任，从黑人到白人，从“受害者”到“罪犯”。这标志着美国黑人争取更好生活的长期斗争中一个深刻的——我相信也是悲剧的——转折点……因此，在20世纪60年代末，黑人的战斗性并非不可避免。它的存在仅仅是为了利用白人的负罪感，向美国白人施加压力，要求他们为黑人的进步承担更多的责任……因此，自20世纪60年代以来，黑人领袖提出了一个压倒一切的论证：如果美国白人不承担主要责任，黑人就无法实现平等。事实上，黑人的战斗性变成了一种对白人权力的激进信仰，以及相应地对黑人权力的激进否认……但这种可悲的共生关系忽视了人性的一个重要特征：人类，无论是个人还是集体，如果不为此承担全部责任，就无法转变自己。这是自然规律。一旦承担了全部责任，其他人就可以提供帮助，只要明白他们无法承担责任。但在人类历史上，没有一个群体被另一个群体提升到卓越或有竞争力的水平。”谢尔比·斯蒂尔:《白人的负罪感：黑人和白人如何共同摧毁民权时代的允诺》(纽约：哈珀·柯林斯出版社，2006)，第45、58、59、60、62页。

**转述**

谢尔比·斯蒂尔认为，美国黑人把黑人视为受害者，并承担起黑人进步的全部责任，从而使白人克服了对奴隶制和歧视罪恶的负罪感。他认为这是一个严重的错误，因为“在人类历史上，没有一个群体被另一个群体提升到卓越或有竞争力的水平”。

注意:(1)前几个词清楚地表明作者是在转述斯蒂尔的话。(2)原文中出现的个别关键词，如“进步”和“责任”，也出现在转述中。这种重复往往难以避免，并不构成剽窃。（3）唯一一组重复的单词出现在引号中。省略引号将构成剽窃。虽然转述包含了原文所表达的整个思想，但它更加浓缩。这是转述的一个典型特征。

问题3：构建自己的思想，将其与转述或引用的材料融合在一起。如果你对主题不熟悉或主题复杂，你可能想知道，你可以在你咨询的作者所说的基础上补充什么。以谢尔比·斯蒂尔的书为例，你可以这样解决该问题。在提出你对他的思想的转述之后，你可以做以下诸项的一个或多个：（1）通过提及斯蒂尔在书中所提供的一些证据，来详细阐述他的观点。（2）介绍与斯蒂尔观点相同的其他作者的观点，并提供支持其观点的证据。（3）介绍不同意斯蒂尔观点的作者的观点和他们提供的证据。（在所有这3个步骤中，你当然会同样小心地转述、引用和列出你的资料来源。）（4）提出你对这个争议的评价，说明你对哪些作者同意、哪些不同意，在每种情况下都提出你这样思考的理由。

第4步使你的作文或研究论文与众不同。它代表了你的思考、你的表达。你越认真仔细地对待它——透彻阐述、提供证据、对反对意见进行预期和回应——它的质量就越好。

## 自己做研究

到目前为止，本章所考虑的方法构成了调查的第一个也是最基本的路线——确定已知的东西。在许多情况下，这种调查将产生解决问题或争议所需的所有证据。然而，有时候，你需要超越已知的东西，通过实施自己的研究来发展新知识。这里有两个建议。

### 考虑做一次问卷调查

在大学校园里调查学生对作弊的态度、校园社区对女子运动队是否应该获得与男子运动队相同水平资助的立场，以及教授对校园露天停车场的态度这样的话题，可能会很有趣。

### 考虑做一项观察性研究

适合在大学校园进行的观察性研究的例子有：对委员会会议的动态进行研究，以确定效率低下和无效的领域；对高峰时段校园自助餐厅的人流量进行研究，以确定瓶颈发生的方式和位置。

在尝试这两种方法之前，请重读本节前面提供的说明。

## 保持创造的活力

调查阶段对解决许多问题至关重要，但它可能会威胁到创造力。你积累的信息越多，混乱的可能性就越大。为了保持创造活力，你必须克服这种混乱。下面是做到这一点的方法。

每当你被自己所获信息的数量或复杂性弄得有点混淆并很难厘清头绪时，暂停一下，回看一下你的问题陈述（第 2 阶段），并使用该陈述来决定哪些是相关的、哪些是不相关的。如果你正在处理一个特别困难的问题，你就可能需要多次使用这一方法。即使是最优秀、最有创造力的思考者，也会时不时迷失方向，但他们不会气馁。他们只是重新找到自己的方向，然后继续。

大量的信息也会对你的信心产生可怕的影响。你对一个问题探究得越多，你就越有可能认识到它的复杂性。假以时日，你可能会发现自己在想：“我没有认识到会这么困难。也许根本没有解决办法。如果其他更有资质的人都无法找到解决方案，那么我还有什么可尝试的？”当这样的想法出现时，提醒自己：别人之所以没有解决该问题，可能恰恰是因为他们屈服于自己的忧虑感——在此时此刻威胁着你的创造力的情绪——或者是因为，尽管他们有专业知识，但他们缺乏释放和应用他们创造力的技术。（毕竟，在大多数学校里，创造力并不是一个正式科目，因此，在其他方面受过教育的人对创造力一无所知也就不足为奇了。）还要记住，无论思考过程中出现什么困难，你都有有效的方法来对付它们，而且正如下一章所展示的那样，你对问题和争议生成创造性反应的资源是相当可观的。

## 第9章

# 生成创意

至此，我们考察了创造性过程，对如何识别问题和争议、如何清晰地表达它们，以及如何从其中获取洞见进行了说明。创造性过程还有另一个阶段：生成可能的解决方案。

在这一章，你将懂得生成广泛的解决方案而不是满足于几个方案的好处。你还将学习如何激发你的想象力、如何变得更具原创性，以及如何克服这个创造性阶段最常见的障碍。

想象一下：南海一座岛屿上有一个采珍珠的人。他乘着一叶小舟离开岸边，划向浅海，冲入深水区，从水底打捞上牡蛎，放在船上，划向岸边，打开贝壳，发现里面除了蛎黄什么也没有，他就又驾驶小船划到浅海。“等等，”你可能在想，“他在浪费大量时间。正确的方法不是打捞一只牡蛎就返回岸边，而是应该不断打捞，载满小舟，然后再回到岸边。”

你的想法是对的。珍珠很稀有；在采到一颗珍珠前，采珠者必须打开很多牡蛎。只有非常愚蠢的采珠人才为一只牡蛎打个来回，浪费时间和精力。这与生成想法完全相同。蠢人想到一个解决问题的方案，然后就继续，好像那个方案一定有创造性。但是创造性想法就像珍珠一样，不常出现。因此，聪明人在期望找到创造性想法之前，生成很多想法。

研究者已发现，生成想法的数量与这些想法的质量之间存在明确的关系。生成的想法越多，拥有一个或多个好想法的机会越大。这有两个原因。其一是简单的概率问题。在统计意义上，创造性想法并不常见。正如艾尔弗雷德·诺思·怀特海解释说：“概率是（我们想法中的）999 个将落空，要么是因为它们本身没有价值，要么是因为我们不知道如何让它们的价值显现出来；但是，无论我们对这些想法抱着怎样的怀疑态度，最好全部接纳它们，因为可能第 1000 个想法将是改变世界的那个想法。”

其二是最初的想法在质量上通常比后来的想法更差，就像水必须从水龙头里流一会儿才变得清澈没有杂质。因此，思想也必须流淌一会儿才能成为创造性思想。“最初的想法，”赫伯特·斯宾塞（Herbert Spencer）警告说：“通常不是正确想法。”究竟为什么会这样尚不清楚，但一个非常合情理的假设是，熟悉和安全的反应最靠近我们意识的表层，因而自然最先想到它。不管是什么情形，创造性思维的成功取决于思想的持续流动，直到寻常的、习惯的思想被荡涤，非同寻常的、富有想象力的思想浮出水面。

在处理问题时，你应该寻求生成的思想是对“如何能……？”问句的回答，这个问句是你在表达问题时的发问。在处理争议时，你的想法应该更加宽泛，不仅包括对“是……吗？”“应该……吗？”这些问句的直接回答，也包括所有其他能帮你回答那些问句的想法。这样的情形并非罕见：乍一看，提供解决争议的关键答案的那种想法看起来与该争议不相干。

## 激发你的想象力

生成大量想法是生成创造性解决方案的首选方法，但不是唯一方法。另外一种重要方法是激发你的想象力。大部分人的行为没有想象力，不是因为他们缺乏想象力，而是因为他们畏惧他们的想法带来的反应。久而久之，他们习惯于压抑那些与常规不同的想法、那些可能让人惊讶的想法。“没有哪种伟大的发现不是大胆猜测的结果。”艾萨克·牛顿说。爱因斯坦也说过：“我相信想象力……想象力比知识更重要。”

当然，激发你的想法光有决心还不行，尤其是如果你已经养成了压制它们的习惯的话。你需要一些激活你的创造性想象力的策略。下面是 7 个有效策略。有些更适合问题，另一些更适合争议。

第一，逼出不寻常的反应

第二，运用自由联想

第三，利用类比

第四，寻找新奇组合

第五，将解决方案视觉化

第六，构建正反论证

第七，构建相关场景

## 逼出不寻常的反应

我们注意到，常见的、熟悉的想法最先出现。这种模式无法避免。因此，你的最好方法是期待它们，甚至刺激它们出现，以便为更多的原创想法开路。从问问自己大多数人会做出什么反应开始。把它们写下来。当你想出了一定数量的这样的想法，再也想不出其他想法时，问问自己：其他人很可能没有做出的反应是什么。强迫自己尽所能想出足够多的想法。

这种努力可预见的一个结果是列出一个包括一些离谱或荒唐想法的清单。你可能会对这样的想法感到有点不舒服。你会想："它们怎么会有用呢？""问题和争议是严肃的事情——这里没有愚蠢的余地。"抵抗那种感觉。如同我们看到的，游戏心态是有创造力的人的一个重要特征，它有助于激发他们的活力。甚至在纸上写下最滑稽可笑的想法也没有什么错。列出它们不等于赞同它们，你之后总是能划掉它们。但现在不要把它们屏蔽掉，否则你可能在这个过程中不经意间丢弃一个原创的洞见。

不要误解这个建议。它不是指你应该表现得离谱或荒唐。它指的是：当荒谬的想法出现时，你应该包容它，把它的出现当成努力获取不寻常想法的自然结果。

### 运用自由联想

自由联想指的是让一个想法引发另一个想法。它与逼出不寻常的反应的不同之处在于：你完全没有在指挥你的心智，而是信马由缰，暂时放松你对心智的控制，观察什么想法和联想会产生。其中有些可能非常出乎意外，可能指向有趣和有利的方向。如同逼出不寻常的反应，你不应该屏蔽任何出现的想法和联想。相反，把它们全部记下来，以备之后考察。通常，有些看起来完全不相干的想法，也许之后证明是有价值的。

提醒一下，这个策略的目的是帮助你检索你最初过于严格分类的相关信息。因为这个策略涉及对心智控制的放松，允许你的思想漂流，它可能滑向无目的的白日梦。因此，你应该把它当作其他策略的一种变化形式，而不是它们的替代品。

### 利用类比

类比是引用两种非常不同的事物之间的一种或多种相似性。例如，可以在（美式足球）半卫（football halfback）持球突破性奔跑和美洲虎或猎豹的动作之间做类比。

创造性成就的历史证明了类比思考的价值。当一个人将某一事物与其专业领域之外的事物关联起来时，创造性突破经常出现。（这个事实表明博学教育的价值。训练狭隘性通常导致产生阻碍创造力的视角狭隘性。）古腾堡观察运作中的葡萄榨汁机并构想印刷机，叉车的发明者根据甜甜圈机得到他的洞见，都是在运用类比思考。

在你的思考中运用类比思考，不过是问一问问题或争议像什么，它让你想起了什么。在适当的时候，你也可以有更多的具体发问，诸如“这个看起来像什么（或者听起来、尝起来、闻起来或摸起来像什么）？”或者“这个运作起来像什么？”。

### 寻找新奇组合

有时，一个问题的最佳解决方案是把不经常组合在一起的事物组合在一起。矿工的帽子（电灯和安全帽的组合）、轮椅和收音机闹钟，都是组合产生发明的例子。或许，这种发明最常见的例子是菜单。每当厨师搭配不同的食材做出一道独特的菜品时，他就是在运用组合发明。第一个把一片马苏里拉奶酪放入小牛肉排里的人，发明了帕尔马干酪小牛肉；买不起小牛肉而用烘肉卷替代的聪明人，发明了帕尔马干酪肉卷。

同样的策略对其他类型的创造力也很有效，例如，找到社会问题的解决办法。今天，人们日益关切的一个问题是监狱系统日益增长的成本。对这一问题苦思冥想的人，可能会把监狱和工厂合并考虑——让囚犯在监狱里为一家私人企业工作，他们通过劳动获得报酬，并偿还纳税人的监禁费用。（这个主意甚至可能来自类比，即注意到监狱有时像大型工厂综合体。）

### 将解决方案视觉化

这个策略包括：想象问题解决了，并将它看起来会是什么模样可视化。例如，汽车在冰雪覆盖的路上行驶的问题得到解决之前，被迫行驶在这种路况上的人，会在脑海中构想这样的画面：不是轮胎陷在雪坑中或轮胎在冰上打转的画面，而是他所期望的画面——车轮平稳地转动，车胎咬紧雪地，牢固地抓住冰面。他的想象力因而被激发，他会问自己："如果这些轮胎能像我希望的那样工作，它们会是什么样子？"他可能只是形象化了包裹在轮胎上的金属片（链条）或从轮胎上突出来紧抓路面的金属片（防滑钉）。

### 构建正反论证

这个策略是处理争议的一个基本策略，包括列出可能对争议的任何一方提出的、所有能想到的论证。使用这个策略，不过就是用这样的方式提出你的争议的表达——"是……吗？""应该……吗？"——尽你所能列出尽可能多的肯定回答与支持它们的推理，也尽你所能列出尽可能多的否定回答与支持它们的推理。例如，假如你考察的争议是，科技是否对人类社会产生了积极影响或消极影响，你会包括以下这些要点。（为简要起见，省去了支持性论证。）

| 积极影响的论证 | 消极影响的论证 |
| --- | --- |
| 缩短了每周工作时间，为员工创造了更多闲暇时间。<br>增加了可用商品和服务的多样性。<br>创造了许多新的技术性职业。<br>给老板和员工增加了金钱奖励。<br>创造了新型教育的需求——职业和技术教育。 | 使很多工作单调乏味，增加了员工的无聊感。<br>很多情况下降低了商品和服务的质量。<br>取消了许多非技术性工作。<br>导致许多员工讨厌他们赖以为生的工作。削弱了博雅教育（liberal arts）的作用。 |

一个重要提醒：预料到自己是有偏见的，预料到你的偏见会影响你构建论证的努力。除非你对争议完全持中立立场——一种不可能出现的情况，否则你就会在使用这个策略的初始阶段，相信争议的一方是正确的，此信念将使你倾向于构建相应的清单。换句话说，你有意或无意间将为你喜欢的争议的一方呈现更多更好的论证。针对这种偏见的唯一防范措施是，尽力去思考可能是争议的另一方提出的论证。如果你对争议的调查公平地听取了双方的意见，落实这个防范措施就不太难。

### 构建相关场景

我们常常倾向于把想法只看作是断言，关于是什么或应该是什么的主张，诸如“在我们社会里，对别人权利的尊重正在减少”“道德教育应该在全国学校进行”。这些无疑是观点，但也是场景（scenarios），它们是与所考虑争议相关的、想象出来的情景和事件的例子。很好构建起来的场景具有一种断言缺失的特殊价值：它们表征实在本身，而不仅仅是关于实在的结论。

比方说，你正在分析的争议是：一个女人是否必须对一个男人的性挑逗做出“真诚的抵抗”，才能在法庭上提出强奸指控。（直到 1982 年，这在有些州仍然是一个法律要求。）下面是你可能构建的 3 个场景：

- 一个女人刚与一个年轻男子约会回来，她与他相识已有一段时间，之前也约会过，在不同场合有过性行为。她邀请他到她的公寓，开始进行性前戏。当他提出性交要求时，她说了几次“不”，但是没有终止他实施该行为。

- 一个女人躺在医院的病床上，经历了精神崩溃之后，她被注射了大量镇静剂。一名男护士知道她无力反抗他的骚扰，因此对她实施了性侵犯。
- 一天晚上，一名大学生走在从学校图书馆回宿舍的路上，路经一片灯光昏暗的树林。突然两个男人从树林里跳了出来，拦住了她，其中一个挥舞着一把刀，警告她如果拒绝与他们发生性关系，就会杀了她。由于担心自己的生命安全，她屈从了。

仔细阅读这些场景将揭示构建不止一个场景的重要性，以及留心所构建的这些场景涵盖广泛可能性的重要性。所有这些都可信——这是每一个场景必须满足的条件。然而，对“真诚的抵抗”是不是合理的法律要求这一争议，它们并没有给出同样的解释。单独来看，第一个场景可能被认为支持肯定的回答。但是，正如另外两个场景所表明的那样，这样的回答会很肤浅。在这两个场景呈现得非常合情理的情况下，“真诚的抵抗”的要件是很不合理的。

这 7 个策略在激发你的想象力方面将给你重要帮助，但是不要期望能够立刻顺利地使用它们。你需要花时间熟悉它们。如果你倾向于试用几次就放弃，就提醒你自己第一次运球或开车时感到多么笨拙。这些操作看起来也不可能学会，但你掌握了它。无论何时，从一个策略转向另一个策略困扰了你时，回看你对问题的陈述，重新找回你的方向，然后继续生成想法。

## 追求原创性

按流行的看法，原创性是一种遗传禀赋。你要么有，要么没有。假如你没有，那么你也无望学到它。不过，研究已经推翻了这种观念。就像其他创造性技能一样，原创性能被学会。如果你没有生成原创性思想，那只是因为你已经养成了非原创的思考习惯。一项研究表明，仅当人们知道自己被期待时，原创性就能被激发出来。

想要让你的思考获取原创性，就对自己提出原创性要求。提醒自己原创性没有那么神秘，它只需要超越常规一两步。不要把你的想法限定在之前你听过的或想过的东西上。每当你设法处理问题时，努力找到问题的解决方案，拓展一下的你心智，抓住比你之前更大胆一点的想法。

还有一种方法能帮你更加有原创性：注意你的边缘思想（fringe thoughts）。边缘思想这个术语是格雷厄姆·沃拉斯（Graham Wallas）创造的。它指的是出现在意识的临界点或边缘的思想，就像物体出现在我们视野的边缘那样。走在街上或开车时，我们会把目光聚焦在一个方向上，但焦点之外的事物不断映入眼帘。当某个不寻常或意外的东西出现时，我们能够把注意力转向它。因为原创的思想经常出现在意识的边缘，你对那里发生的事情越警觉，你就能发现越多的原创思想。

## 不要轻易下结论

判断是思考的一个基本部分。没有它，我们将不能区别问题解决办法的好坏，或不能选择最佳和最可行的方案。但是，我们判断的时机会使结果完全不同。大多数人判断的时机不恰当：他们容易冲动，迅速评估生成的想法，有时甚至在某些想法完全概念化之前就把它们屏蔽掉了。对一个想法略知一二，他们便说，“不，那不好”“这太愚蠢了”，或者“那不可能是解决的办法”。

然而，最有创造性的想法，常常是最初看起来最蠢的想法。因此，仓促判断导致一些最好的想法被丢弃，或最没创意的想法被盲目地认可。具有讽刺意味的是，它只会让人们在最需要创造力的时候变得毫无创造力。

研究证实，在生成想法阶段，那些忍住不轻易下结论的思考者，以及那些能够抵制停下来的诱惑并继续努力的思考者，得到好想法的概率更大。你在做这一章和后面几章中应用部分的练习时，在你能生成尽可能多的想法之前，不要让自己对任何想法轻易下结论。不要人为限定你的想法的数量。当你发现自己在想，“我现在已经有了 10 个（或 20、30 个）想法了——这足够了”，谨记，该问题的最佳解决方案很可能在那些之后的 10 个或 20 个想法里。只有继续前进才能得到它。另外，为了确保你不会在无意中限定了自己的思维，偶尔回看一下你之前的努力——例如，你前几章所做的应用练习——并决定你是否过早停止生成想法了。

## 克服障碍

对于有效生成大量不同想法，有 3 个最常见的障碍：思维堵塞、含混和混淆，以及僵化。学习如何识别每一种障碍，并掌握几种简单的应对方法，能够帮助你避免在解决问题的过程中受挫。

### 思维堵塞

就像作家在纸上写不出词语时的阻塞一样，思维堵塞阻止我们产生想法。它使我们闲坐在那里，越来越紧张，等待出不来的想法。拙劣思考者不是唯一受思维堵塞折磨的群体。每个人都时不时地经历它。但是优秀思考者知道他们不必成为其牺牲品，有一些有效的方法对付它。

最佳方法是通过做一些我们已经讨论过的事情，让思维堵塞出现的可能性最小化：在你生成想法时，养成抑制判断的习惯。每当你停止思维的流动去做一个判断时，即使你只停下来一两秒，你也在冒不能重新开始思考的风险。另外，你越是抵抗停下来并持续生成你的想法，思维堵塞给你带来的麻烦就越少。

尽管你做了最大努力去避免思维堵塞，但它还是出现了，此时可依照下面罗列的顺序，试试一个或多个方法：

第一，回头看你写下的想法。仔细读一读，读的过程中专注每一条。通常，这些想法中的某一条会让你想到未曾写下的另一条。一旦那样的情况发生，就记下新想法。既然想法又开始“流动”了，就不要停下来，直到必须停下来为止。如果刚出现的新想法偏离了目标，那么也没有关系。你可以轻微地调试思维的“流向”，让它回到问题或争议上。

第二，再次浏览激发你想象力的策略，即清单上的所有策略：逼出不寻常的反应（无论多么离谱），运用自由联想和类比，寻找新奇组合，等等。通常浏览了一两个策略后，你的想法就又开始流动了。

第三，一遍又一遍地抄写你的想法清单，在写的过程中专注于每一个想法。对出现在你意识边缘的新想法保持警觉。这个方法将保持你的主动性，也会防止受挫和忧虑。

第四，暂时不去想该问题或争议（一小时、一天或一星期）。

只有当你能重新审视它，卸下焦虑的负担时，才能再回到问题或争议上来。

第五，如果所有的努力都不起作用，就回到创造性过程的第 2 个阶段，考虑问题或争议的其他表达。

### 含混和混淆

甚至最伟大的思想家也经历这种解决问题的障碍。例如，爱因斯坦 16 岁时就开始思考促使他提出相对论的相关难题。这个难题他纠结了 7 年才找到了解决方法。在那段时间里，他经历了含混、混淆和困惑，甚至达到了抑郁和绝望的地步。

无论这个障碍出现在调查阶段，还是出现在生成想法的阶段，它常常是因没看清问题造成的。克服它的最好方法是第 8 章提到的方法：回看你对问题或争议的陈述，并弄清自己的方向。一开始，你可能不得不停止想法的“流动”，回头看一下，但是经过一些练习之后，你不需要停下思考就能做到了，只是速度慢了点而已。这很像开车。一开始司机不得不经常停下车来，把车的方向摆正，但是很快，他就学会了在保持车速的同时，微微转动方向盘，摆正车头的方向。

如果你把问题的表述写在一张卡片或一张纸上，在解决问题的过程中把它放在手边，你就会发现这种驾驭心智的方法更容易掌握。

### 僵化

这个障碍的特点是把太多的想法归为一种类型，很少或没有变化。它是思维无意识地受控于一条狭隘的思路导致的。无论何时，只要在工作中发现了这个障碍（回头瞥一眼你的想法，就能知道它是否存在），你就特别努力地激发你的想象力。我们讨论过的7个策略中的任何一个，都能用得上，但是前2个和最后1个——逼出不寻常的反应、运用自由联想和构建相关场景——尤其有帮助。

## 洞见是如何产生的

生成想法阶段最激动人心的经历——实际上，在整个创造性过程中——是洞见的产生。有许多方法描述洞见产生的时刻。一种是“啊！”的反应，如阿基米德经历的，他在洗澡时，注意到水被他身体挤出去时，迅速将比重原理概念化。“Eureka!（我找到它了！）”据说他一边在街道上裸奔，一边大喊。（显然那时没有法律制裁不雅暴露，或者他跑得太快了。不论哪种情况，他似乎逃过了被捕。）另一种描述洞见产生时刻的方式是强烈的满足感，就像我们找到了一片缺失的拼图碎片时那样的感觉。但是，或许最常见的经历是灵光闪现，就像一个卡通人物头上的灯泡发光。

由于某种缘故，许多洞见在休息时光临。现代科学的基石之一，一个被称为“在整个有机化学界所发现的最辉煌的预言”，就出现在这样的时刻。1865年的一天，弗里德里希·奥古斯特·冯·凯库勒（Friedrich August von Kekulé）躺在火炉边打盹，突然意识到某种有机化合物的分子不是开放结构，而是环状结构。他是这样描述这次经历的：

> 我把椅子转向火炉，开始打盹……原子又在我眼前跳跃

起来。这时较小的基团谦逊地退到后面。我心灵的眼睛因为这类幻觉的不断出现变得更敏锐了，能分辨出多种形状的大结构，也能分辨出有时紧密地靠近在一起的长链分子，它们都像蛇那样缠绕和扭动。看！那是什么？一条蛇咬住了自己的尾巴，这个形状虚幻地在我的眼前旋转着。仿佛被一道闪电击中，我醒了。

许多充满想象的跳跃式想法在闲暇或休息时光临，这一事实导致一种误解，即洞见的出现不费力气。创造性过程研究的权威人士一致认为，洞见与懒惰无关。（如果是那样的话，乡村流浪汉会成为获得创造性成就的纪录保持者。）它也不会在其他任何形式的闲暇中到来。相反，它会在经历了紧张的活动之后的闲暇中到来，在这种情形中，思考者与问题或争议搏斗，暂时被它打败，从挫败中离开。权威人士从理论上解释这种情况：意识心智于是把问题交给了无意识部分，无意识心智继续工作。洞见来自这种努力。

突现的洞见，像所有激动人心的经历一样，往往比日常经历倾向于更广为人知，令人难忘。然而，真实情况是，很多——有时绝大多数——创造性解决方案都是悄然而至的。它们是对细节的警觉和对想法的仔细分析的结果。这些解决方案，尽管没有大张旗鼓地出现，但其价值并不因此而降低。而且，它们比突现的洞见有一个巨大优势：在很大程度上，我们能让它们出现。

## 问题的范例

假设你是一家杂志的收账人。你在等候室空等了数个小时，希望看到杂志的债务人。但是，大多数秘书受命让你等着，直到你等累了要自行离开。你从各个方面考察该问题，考虑了问题的许多表述。最后，你决定对问题的最佳表述是："在接待员拒绝我的情况下，我如何能见到债务人？"下面说明你的想法可能产生的过程。

你开始列出所有想法。一开始的想法很离谱，但这不会困扰你。你知道你不应该停下来去评估它们。

- 持一支猎枪，威胁接待员。
- 威胁要绑架债务人的妻儿。
- 带一只警犬到办公室。
- 攀爬到楼上，爬进债务人的窗户。
- 告诉接待员你是老板的兄弟或姐妹。
- 绑住接待员，闯入办公室。

你碰到了思维堵塞问题，因此你运用本章推荐的一个或多个策略去克服这个障碍。点子又开始涌动起来。

- 哄骗接待员。
- 先打电话约会。
- 发一封催款信。
- 反复给债务人发传真。
- 换工作。
- 学习一门快速思考的课程。
- 取消债务人的订阅。

- 采取法律行动。
- 坐等债务人下班。
- 带上一名律师。
- 派别人替你等。

到了这里，你开始有点混乱；你认为自己没弄清该问题。你回头看一眼刚刚生成的想法，确认这是真的。这些点子没有像你表达的那样解决问题。你重读了你的表达，又开始生成点子。

- 打扰接待员。
- 给他一盒糖果。
- 带他吃午饭。
- 尝试贿赂。
- 乞求面见债务人。
- 等接待人吃午饭时闯进去。

你的思维又枯竭了，因此你又一次从第一个策略开始，回看你写出来的想法。你从最后一个开始倒着读：“等接待人吃午饭时闯进去……乞求面见债务人……”突然，你意识到了自己的僵化问题：你已经滑向了生成同一种类型的想法，变化的空间很小或几乎没有。你试图激发自己的想象力，首先从逼出不寻常的反应开始。点子又开始涌动起来。

- 假装成另外一个人。
- 在办公室外逮住债务人。

- 打扰等待室的其他人。
- 制造骚乱。
- 惹人讨厌。

想法又一次停滞了，因此你激发自己的想象力。当你不能逼出不寻常的反应时，你转向了自由联想。有几个想法引发了你很多联想。具体来说，“假装成另外一个人”引发的联想有：

- 电话修理工
- 看门人
- 求职者
- 警察
- 办公用品推销员
- 牧师或修女
- 电工
- 报纸记者
- 杂志比赛代表（来发奖品）
- 擦窗户的人

“打扰接待员”引发的联想有：

- 要求每隔几分钟通报一次
- 坐在接待员的桌子上
- 不停地与他交谈

“打扰等待室的其他人”引发的联想有：

- 大声谈论你最近感染的传染病。
- 大声告诉每个人，债务人已经陷入父子诉讼案中。
- 告诉他们债务人欠账的真相。

“制造骚乱”引发的联想有：

- 跌倒，假装突然发病。
- 大喊“救火！”。
- 在“放屁坐垫”上跳上跳下。
- 唱歌跑调。
- 搭帐篷（真的动手搭）。
- 发出嚎叫声。
- 张贴标语，上面写着“这家伙欠债不还”。

“惹人讨厌”引发的联想有：

- 戴上可怕的面具，抹上假血。
- 用大蒜和洋葱涂抹自己的衣服。
- 用臭鼬液浸泡自己的衣服。

到了这一步，你已经生成了足够多的好主意，包括许多创造性想法，生成想法这一步可以停下来了，接下来要选出最佳想法。（记住，这个选择将是尝试性的，等待你应用批判性思维。）选中的想法是哪一个呢？伦敦的安迪·斯姆利昂（Andy Smulion），一个真正的收账人，使用的是最后一个，并获得了巨大成功。他穿着在臭鼬液里浸泡过的衣服，悄悄走进债务人的办公室，递给秘书一张纸条，上面写着："你付了钱我就离开。"不用说，他不必等多久。（在一个相似的案例中，一栋办公楼的业主在大厅安装了一个特别大的展示柜，陈列拖欠租金的租户的名字。）

## 争议的范例

你在报纸上读到，一个由电视行业资助的组织——电视信息办公室，发布了一份6页的研究论文，论证看电视不是引起全国学生阅读成绩下滑的原因。该研究论文声称，与孩子看电视的总量相比，他们的阅读成绩与"社会经济因素"更相关，大量观看电视没有造成阅读问题，而是那些因素造成的结果。文章指出："在课堂学习和课后作业上有困难的孩子会转向电视……恰好是由于他们在阅读上有困难。"

你意识到，在这件事情上，见多识广的人有分歧，因此你把它当作一个争议来处理，并决定对它最好的表达方式是："看电视无论如何是阅读成绩下滑的一个因果性因素吗？"在读了图书馆里的几篇学者的文章、访谈了一位教育学教授和一位阅读技能导师后，你产生了下面的想法：[①]

① 这个范例的形式和内容不反映你通常会做的事情。你无疑可以用散乱的方式列出你的想法，以免不打断你的思维流；不过，为了清晰起见，在这里，想法是用完整句子表述的。另外，你的分析实际上包括实施调查，然后对每一种形式的调查进行反思以生成更多的想法，然而在这里，由于篇幅限制，调查只是被提到而已。这里的焦点不是研究的完整性，而是一个策略导向另一个策略并生成想法的过程。

因为电视行业资助了该研究，所以可能存在偏见。

结论说看电视没有导致阅读能力下降。那更让人怀疑，尽管什么也没有证明。

[转向解释] 阅读成绩下降与“社会经济因素”更有关的主张，暗示弱势群体是唯一有阅读问题的群体。然而事实并非如此。

中上阶层学生的阅读问题一定是由其他因素导致的。

阅读问题会导致过度观看电视？听起来很怪异，但是我所咨询的权威人士都一致认为这种情况会发生。

这究竟是如何发生的？我们来一起看看……

[现在构建一个场景] 孩子在学校阅读有困难，越来越沮丧，所以不是想拿起书本而是想逃开。他们回到家里，打开电视，并且看一晚上。

有道理。在这种情形下，阅读问题可能确实导致过度看电视。

[现在扮演魔鬼代言人] 但是，那些孩子跟一般孩子有何不同？许多优秀的读者看电视不是跟他们一样多吗？如果阅读问题没有导致他们成为电视的奴隶，也许它们并不总是导致差劲的读者如此这般。有没有可能这项“终究看电视确实导致了阅读问题”的研究是错误的？

要使看电视成为阅读成绩下降的原因，需要发生什么呢？这个需要发生的事件必须先于阅读问题发生。孩子首先得迷上电视。让我给出一个更加清晰的次序画面。

[现在是另一个场景] 首先，看电视的画面。准确地说，什么时间？儿童早期。方式？孩子在父母忙碌时玩耍。父母让电视开着，把它当成一种保姆。小孩子看着电视，一小时又一小时，一天又一天，从 1 岁到 5 岁。到大约在 6 岁孩子开始学习阅读时，

他们已经看了数千个小时的电视了……

这不仅合乎情理，而且在许多情形下确实发生了。电视给孩子的生活带来的影响确实比正式教育更早。

**[现在试图解释]** 电视的影响究竟是什么？电视上发生的什么事件影响了阅读？

**[现在是另一个场景，这是肥皂剧中一个典型的电视时段]** 这个时段以一连串的广告开始。接着 10 分钟左右在两三个故事线之间来回切换。接下来又有另一组三四个广告，在回到几个故事线之前也许是一个新闻报道……

这一切意味着什么？从一个画面到另一个画面频繁切换，频繁出现的插播广告，频繁的观者注意力的转移，对心智没有要求，没有困难和挑战——难怪相比之下，阅读似乎难以置信地困难。

到这一步，你无疑会倾向于得出这样的结论，观看电视确实是阅读成绩下滑的一个因果性因素。但是，在你能够完全自信地认为这是正确的结论之前，你必须运用批判性思维评估你的想法。第 10 章将介绍批判性思维过程。

第三部分

# 批判性思维

解决问题和解决争议都涉及两种互补的思维活动：生成创意的创造性思维和评估创意的批判性思维。在第二部分中，我们讨论了创造性思维。现在，我们将把注意力转向批判性思维。批判性思维的焦点在于理由充分的判断。第 10 章提供了批判性思维的概览，第 11 章展示了如何评估和改进你对问题的思考，第 12 章和第 13 章阐述了如何评估和改进你对争议的想法。

# 第 10 章
# 批判的角色

在本书的第 1 章学习了心智过程的两个阶段：生成阶段和判断阶段，在生成阶段产生思想，在判断阶段评估思想。前面我们详细讨论了生成阶段，现在重点讨论关键的判断阶段。

本章阐述为什么批判性思维必不可少，如何将批判性思维策略应用于问题和争议。

G. K. 切斯特顿（G. K. Chesterton）曾经把诗人描述成头在云中、脚在地上的人。这个描述也适合优秀思考者。他们能提出最大胆的创意、其他人做梦也想不到的解决办法，他们也能使自己的创意符合现实的严苛要求。他们不仅富有想象力，而且务实。我们已经考察了前者，即思维的生成阶段。现在我们来看看后者，即判断阶段。

我们这里定义的批判性思维的意思是：评估我们已经生成的创意，对解决问题的最佳行动是什么，或关于争议的最合理信念是什么，做出暂时决定，然后评估和改进那个解决方案或信念。

## 为什么批判必不可少

批判在解决问题中的角色很重要，有两个理由。首先，没有解决方案是完美的。无论它们多么有创意，总有改进的空间。即使是最好的想法，也很少以精炼的形式出现。就像精美的宝石一样，在它们的潜在价值变现之前，必须经过清洗和打磨。其次，在许多情况下，解决方案不可能立即付诸实施；它们必须首先被他人认可。例如，改善办公室或工厂的想法可能需要老板或主管的批准；解决家庭关系问题的想法，也许取决于其他家庭成员的合作；社会问题的创造性解决方案，往往需要政府领导人的支持或选民的赞同。在这些情形中，世界上最好的想法，在别人未被说服相信其价值之前，并没有什么价值。

批判对于解决争议同样重要。一个观点可能看起来非常合理，是对立观点之间折中的理想基础，却包含着细微缺陷。有时，只有当想法转化为行动方案时，缺陷才变得明显起来。

例如，在 20 世纪 70 年代早期，作为对离婚协议公平争议的回应，“无过错”离婚的理念在美国加州变成法律，随后的几年里，在其他大多数州也成为法律。这在当时被认为是一种巧妙的方式，它可以让婚姻在没有争吵和痛苦的指责的情况下，轻松且公平地解除。后来，许多批评人士指出了无过错离婚的影响，这在它开始实行时未曾被人预料到：离婚让妇女和她们的孩子陷入贫困。

尽管不能保证批判能揭示出某一创意的每一个缺陷，但如果你在做出判断之前，让自己的创意经受严格的评估，你对争议的回应就更有可能是合理的。批判性思维减少你犯错的机会。

## 聚焦于你的想法

本章和后面几章的重点不是批评别人的解决方案，而是一种更困难甚至更痛苦的批评：对你自己的解决方案的批评。和其他人一样，你也容易犯形形色色的错误。

你可能会从其他人，包括媒体那里，收到不准确的报道。此外，你可能会误解准确的报道，成为谣言和道听途说的牺牲品，让情绪影响你的判断，并出现逻辑失误。由于这些原因，你提出的想法需要批评。

具有讽刺意味的是，尽管你毫无疑问愿意自由地批评别人的想法，但像大多数人一样，你可能对批评自己的想法的必要性视而不见。这至少有两个原因。首先，自我倾向于反对自我批评。一旦你确定了一个想法，你就会觉得自己对这个想法很感兴趣。“这是我的，”你对自己说，“所以它一定很好。”一旦进入这种心态，你就准备好捍卫自己的观点不受任何攻击，甚至是你自己的正确判断对它可能发起的攻击。这种情况有点像一只叼着骨头的狗。当有人靠近时，狗会顽强地抓着它，咆哮，咆哮，不是因为骨头有什么价值（它可能早就被啃过了），只是因为它属这只狗所有。

你不愿评估自己想法的另一个原因是，你对它们如此熟悉以至于使你很难发现其缺陷。你在一个问题上工作的时间越长，你就越习惯于它的细节。一旦你的努力产生了一个解决方案，你就可能会迷恋它，从而让你很难客观地看待它。

## 克服批判性思维的障碍

这种对你的想法不完美的盲目，容易将对你的想法的批评处理成这样：充其量是假装分析，随之有力地点头表示赞同。有两种方法可以防止这种错误。首先，在你开始批判地看待任何想法之前，要对自己说：“我知道这个想法对我来说很不错，而且我会觉得寻找缺陷是毫无意义的。这很自然。我想到了它，所以我希望它是完美的。但我要忽视这种反应，强迫自己批判地审视它。”

其次是利用你的自我优势。每当你发现，其实本该是评估进行之时，自己却准备停止评估自己想法的时候，你就应该反思一下，如果别人，尤其是你不太在意的人，指出了一个严重的缺陷，你会有什么感觉。将情境视觉化；想象一下，你尴尬地扭动着身体，提供保全面子的借口。这样的心理画面应该会激励你继续评估你的想法。

## 运用好奇心

我们已经看到好奇心如何提高对问题和争议的意识，使你更有意识地感受到不满和烦恼，并更有效地将它们视为挑战和机遇。我们也看到，好奇心使你的思考保持活力，并有助于爱因斯坦所说的“产生式思维的基本特征”的趣味性。这种好奇心同样是批判性思维的宝贵帮助。

也许你有过这样的经历：把一列数字加起来，一次又一次地得到相同的答案——错误的答案。心理学家早就认识到，当我们第二次或第三次踏上一条特定的心理路线时，我们往往会追随之前的脚步，而自己却没有意识到。当你把这些数字加起来的时候就是如此。你的印象是，每一个新的总数都是新鲜和独立的。但实际上，你被最初的错误判断所困。

当你批判性地审视自己的想法时，同样的错误也会发生。你可以一遍又一遍地审视一个想法，但仍然看不到它的缺陷。为了提高效率，你需要从不同的角度来审视这个想法。这就是好奇心发挥作用的地方。以好奇的态度对待批判——问“我的想法被应用后会如何发挥作用？”以及“别人会有什么反应？”——通过增加需要解决的不完美和复杂问题的机会，你将提高成功的可能性。

## 避免假设

假设就是把某些事物视为理所当然，期望那些事物会以某种方式发展，因为它们过去是那样，或者因为你希望它们那样。做出假设是很自然的，每个人都在不停地这么做。例如，你假设你的教授会在上课时间准时来上课；自助餐厅不会提前两小时供应午餐；你的车在大学停车场是安全的，不会遭到破坏；一直为你兑现支票的银行将会继续兑付支票；电梯真的会在上升指示灯亮起时上升。做出诸如此类的假设是合理的，即使偶尔证明它们并不正确。

然而，重要的是要小心你所假设的东西。当你在评估和改进你的创意时，你应该特别努力地去识别自己以前可能没有察觉的假设。原因不仅在于意想不到的结果会让你感到尴尬，更重要的是，你对自己认为理所当然的东西不会批判地检视。假设堵塞了评估过程。

不可能制成一个包括所有可能假设的清单。不过，以下假设经常发生，并且严重干扰批判性思维，因此特别值得一提。

- 假设其他熟悉这个问题或争议的人会和你一样对你的想法充满热情。虽然这也许看似是一个合理的期望，但很少是这样。人们对一个问题或争议越熟悉，他们就越有可能有自己的想法。
- 假设你的想法的小瑕疵不会影响人们接受它。当别人的想法与你不同时，他们可能会在没有意识到的情况下放大你的想法的缺陷，因为在潜意识里，他们在寻找借口拒绝你的想法。小的缺陷也许会提供这种借口。

- 假设如果你的想法对你来说很清楚，则对其他人也很清楚。如果你曾经坐在教室里，听到老师给出的解释而你根本听不懂，你就应该鉴别这个假设可能引起的混淆。对于你在表达的东西，你的理解并非判定清晰性的标准。如果你希望解决方案及其表达是清晰的，你必须把它构建成清晰的，而不只是假设它是清晰的。
- 假设那些从你的想法中受益最多的人会自动接受你的想法，而无须你说服。这个假设给富有创造力的人带来了无数的烦恼。例如，当伊莱亚斯·豪（Elias Howe）发明缝纫机时，他知道这将是服装行业的一个福音，因为它彻底改变了服装制造方式，使服装行业更加有利可图。他很可能已经假设，仅仅是揭开他发明的面纱，就足以让该行业的领导者对他和他的发明大加赞赏。但现实并不符合这种假设。没有一家美国公司有兴趣购买这种机器。他被迫去英格兰寻求积极评价和认可。为了避免失望，永远不要假设你的想法的价值会被普遍认可。做好说服别人的准备。

## 改进你的问题解决方案

改进你的解决方案意味着让好想法变得更好，也就是说，使你的创造性思维的成果更有效、更可行、更有吸引力。虽然你在这个阶段要做的大部分事情是发现不完美和复杂之处，但重点不是消极的而是积极的。你的目标是改善你的想法。

当然，并非每个想法都需要改进。例如，对于运动裤上绳子滑落问题的想法，很少或根本不需要改进，也不需要提出解决方案以获得他人认可。一旦你决定了一个解决方案，你就可以实施它。然而，你将遇到的大多数重要问题和争议都要求更高。

后续章节将更充分地展开想法的改进与表达。下面的基本方法将使你能够开始使用若干步骤完善你的解决方案，并在你更深入地研究解决方案时开发应用它们的技能。该方法由提问并回答以下问题构成：

- 你的解决方案将如何精准应用？列出所有步骤和所有重要细节。
- 在执行该解决方案的过程中，可能出现什么困难？如何最好地克服这些困难？
- 为反对这个解决方案，其他人可能会找到什么理由？要战胜他们的反对意见，你可能做出怎样的修改？
- 具体来说，你必须说服谁相信你的解决方案的长处？什么样的表达最有可能说服他们？

## 问题的范例

下面的问题在大学校园里相当普遍。

> 你是校报的编辑，还有两位同事和你一起工作，但他们每周只能投入几个小时。因此，你不得不在课程之外，花费大量时间来完成每周的校报。有好几次，你都熬夜到很晚，连第二天早上的课都错过了。为了招到更多帮手，你试着在校报上登广告，但没有人回应。

假设你将问题识别为“如何奖励加入的学生？”（这是该问题的一个很好的表达，尽管不是唯一的表达。）让我们进一步假设，在深入研究这个问题并探索了多种可能的解决方案后，决定将奖励那些为校报工作的学生学分作为最优解决方案。你可以像下面这样应用批判方法。

第一，你的解决方案将如何精准应用？

在这里，你必须确定并列出因工作获得学分的要件。你还必须确定，哪个系会授予学分，授予多少学分，它是选修学分还是满足某些课程要求。

第二，在执行该解决方案的过程中，可能出现什么困难？如何最好地克服这些困难？

最明显的困难是课程要求和学生成绩的评定。谁来教这门课？在哪里？（在教室里还是在报社？）每周一个、两个或三个时间段怎么能满足制作报纸的需求呢？教师如何评定成绩？编辑是否必须满足不同于记者或排版人员的标准？若是这样，教师如何在每个学生的成绩单上说明达到了什么标准？这些和其他疑问必须提出并得到令人满意的回答。

第三，其他人为什么抵制这个解决方案？要战胜这种抵制，你可能做出怎样的修改？

在这里，你会考虑这样的原因：新课程对校园任何课程体系都不合适（如果校园不提供新闻学主修课程的话），大多数校园教师缺乏新闻专业知识，该解决方案可能给教师带来课程负担过重的问题。你还必须考虑到这样一个现实：对任何建议教师应该（或不应该）在他们的课程中教授什么的那些人，教师看起来并不友善。

根据所有这些考虑，你可能会把你的想法修改如下：与其为校报员工开设一门特别课程，不如建议某些现有的课程给予校报员工额外的学分。例如，记者可以在英语课程中获得额外学分，排版人员可以在平面艺术课程中获得额外学分，编辑可以在商务课程中获得额外学分。

第四，你必须说服谁相信你的解决方案的价值？什么样的表达最有可能说服他们？

你肯定得去说服教授相关课程的个别教师。

## 改进你对争议的立场

之前提到过，尽管问题和争议这两个词都涉及挑战我们聪明才智的不愉快的情景，但一个争议也往往会把人们分成对立的阵营，每个阵营都确信自己是对的，对立的一方则是错的。

我们还注意到，问题解决的目的是找到最佳行动方案，而争议的目的是找到最合理的信念，因此我们以不同的方式表达问题和争议，并为问题和争议生成不同类别的创意。

现在我们来考虑另一个差异。你改进争议之立场的方法，不是决定这个想法是否起作用，而是决定它是否满足逻辑的检验。因此，你必须采取以下步骤：

- 陈述你的论证。也就是说，陈述你所决定的关于该争议的最合理信念，并给出你这样决定的理由。
- 检视你的证据的相关性、全面性和可靠性。
- 检视你论证的推理缺陷——例如，过度简化或自相矛盾。

如果你的目标仅仅是形成一个合理的信念，而不是采取任何关于它的行动，那么这种方法将构成对争议的改进。然而，如果你不仅希望确立什么信念是最合理的，而且希望根据这种信念采取行动，那么接下来你将回答一些与改进问题解决方案非常相似的问句，这些问句为规划行动路线，继而对其予以批判性评估而设计。这些问题是：

> 你建议采取什么行动？具体要怎么做？列出所有步骤和重要细节。
>
> 采取这一行动可能出现什么困难？如何才能最好地克服这些困难？

为了解这种方法是如何运作的，让我们考虑争议的一个范例。

## 争议的范例

比方说，你正在处理美国向伤害本国公民、剥夺其人权的外国政府提供金钱援助的问题，你把主要争议表达为“美国政府提供这种援助在道德上是正确的吗？”。（在第 8 章中，你处理过包括此争议在内的更大的争议。）再比方说，你的论证是这样的：

> 美国政府向伤害本国公民、剥夺其人权的外国政府提供金钱援助，在道德上是错误的，因为美国是一个民主国家，认为政府是为了人民的利益而存在的，人民“被赋予了某些不可剥夺的权利”。以这种方式支持暴政同时鼓吹人权，是虚伪的。

接下来，你检视自己论证的合理性，发现只有一个严重的缺陷：没有得到保证的假设，即向这些政府提供金钱援助必然是支持暴政，因此是虚伪的。

经过反省，你决定，如果金钱真的帮助有需要的人，那么两害相权取其轻，因此金钱援助是一种道德行为。你修改了你的论证，最后一句话换成了这一句："在这种情况下，只有当不提供金钱援助会让人民情况更糟，且找不到帮助他们的其他有效方法时，给予金钱援助才是正当合理的。"

## 就此争议采取行动

在认识到你的论证的挑战是找出一个比向腐败政府提供资金更好的方法之后，你的批判性思维是这样继续的：

你建议采取什么行动？具体要怎么做？

> 假设你选择的行动是以技术教育和就业机会的形式提供援助，条件是政府停止对人民的一切伤害。然后，你会详细说明你心目中的技术教育和就业机会。你们还要决定，教师和雇主是由政府、私营企业还是两者联合赞助的。最后，你要详细说明任何特殊的雇佣条件，包括工资和福利。

采取这一行动可能会出现什么困难？如何才能最好地克服这些困难？

> 最明显的困难将是监管该国政府——决定如何确保它将结束侵犯人权的行为。（这个问题可以通过联合国特别工作组监测局势来解决。）另一个困难是防止腐败官员以你不希望的

方式利用你的计划，比如利用新的廉价劳动力来谋取自己的经济利益。（这个困难可以通过建立利润分享计划和合作社来克服，这样人们就可以享受他们的劳动成果。）

最后一个建议是，如果你曾经对工作中的不完美和复杂之处感到气馁——比如你倾向于说："我怎么能指望我解决我发现的所有缺陷呢？这是一个不可能完成的任务！"——就试试这个方法：把每一个重大缺陷或复杂问题都当作一个小问题，首先找到最好的表达方式，必要时进行研究，然后尽可能多地想出解决方案。并非每个争议都保证有如此细致的关注，但更重要的争议要予以保证。通过一种熟悉的过程来解决重大缺陷或复杂问题，你增强了自己的信心，克服了沮丧，激发了自己的想象力。

# 第 11 章 改进问题的解决方案

本章将深入探讨批判性思维在解决问题中的应用。(争议将在第 12 章中讨论。)在这一章,你将学习如何制定解决方案的细节,如何发现不完美和复杂之处,以及如何改进解决方案,使其能经得起别人的批判。

如何使人的声音传播到超出正常听觉范围的地方？这是亚历山大·格雷厄姆·贝尔（Alexander Graham Bell）面临的问题。我们都知道，解决办法就是电话。但贝尔究竟是如何发明它的呢？我们大多数人可能都有这样一个模糊的概念：一旦他有了自己的创造性想法，他不过就是回到自己的工作室，做一个机器模型，卖掉它，然后变得富有和出名。其实，事情没这么简单。虽然贝尔是声音方面的专家，但他对电学几乎一无所知。在他能够将他的创意变现之前，他必须学会关于电学的一切，然后把他的知识应用到工作中，解决技术问题。

改进问题解决方案并不总是需要学习一个全新的领域，但它很少像许多人假设的那样容易。正如艾略特·哈钦森解释的：

> 在（改进解决方案）这件事上，没有任何浪费、偶然或浅显的东西。日复一日，月复一月，年复一年，就是工作，汗水就是十分之九的天才。它让人疲惫，让人气馁，让人精疲力竭……艺术史和科学史在很大程度上都是人类耐力的历史，是人类接受劳动作为成功代价的历史。诚然，有些人匆匆完成了一件杰出作品，夸夸其谈一阵子。但是，不管他们的技术有多可靠，百分之九十的知名作家，几乎所有知名科

学家，只要洞见中给出的东西被次要材料覆盖以至于很难被识别出来，他们就一直改进自己的工作。成熟的人才会精雕细琢，为了缜密、严谨、深邃。

## 改进方案的 3 个步骤

改进是成功与失败的关键，所以你应该非常认真地对待它。然而，没有理由受到这项任务的惊吓。它通常不需要特别的天赋或才能。相反，任何愿意努力和耐心工作的人都可以实现它。其中涉及 3 个步骤：规划解决方案的细节，发现不完美和复杂之处，做出改进。

### 第 1 步：规划解决方案的细节

第 1 步意味着精准确定你的解决方案将如何应用。人们很容易忽视这一步，或者忽略它的重要性。毕竟，我们每天使用并认为理所当然的大多数东西——概念、流程和系统、产品和服务——以精炼的形式出现在我们面前。我们甚至很少有机会去想象它们以粗糙的形式出现会是什么样子，或者去体会对它们的精炼给其创造者带来艰难的挑战。

想想圆珠笔吧。1888 年，约翰·劳德（John Loud）在美国首次构想了它。他甚至还因用一个旋转的球把墨水输送到纸上的创意而获得了一项专利。然而，他始终没能改进此笔以使其非常净洁地书写。1919 年，匈牙利的拉斯洛·比罗（Laszlo Biro）重新设计了此笔，但在 1943 年前，他一直都无法完成他的设计并推销他的创意——即使在那时，还会有墨水滴出。最后，奥地利的弗朗茨·斯驰（Franz Seech）在1949年解决了基本的困难（他的笔的性能的关键是快干墨水），并成功地推销了他的笔。因此，从构思到完善，经过了61年。

1870年，当英国监狱里的囚犯威廉·阿迪斯（William Addis）有了第一个牙刷创意时，他的巧思面临诸多挑战。（也许你不知道，在1870年之前，人们用碎布擦牙以清洁牙齿。）这个发明的合适尺寸是多少？什么形状最好？它应该是用什么做的？什么样的刷毛效果最好？它们应该如何结合在一起？可以用什么来控制刷毛？阿迪斯从他的晚餐中留了一块骨头；在上面钻了一些小洞；从狱警那里获得了一些猪鬃；经过剪、扎，将它们粘在一起；然后把它们插入骨头。当他从监狱释放出来时，他推销了他的发明，并取得了商业上的成功。

打字机的改进甚至带来了更大的挑战。如何放置按键，如何排列键盘，如何让按键敲击，如何夹住纸张，如何让滑架移动以免按键反复敲击同一个地方，如何在行与行之间移动而不用转动滑架，如何在键上涂墨水——这些不过是其中一些需要解决的细节问题。考虑到如此众多且复杂的问题，在1867年克里斯托弗·肖尔斯（Christopher Sholes）和塞缪尔·苏莱（Samuel Soulé）完成他们的第一个工作模型之前，其他51位发明家已经尝试过且以失败告终，也许就不足为奇了。

对于大多数新思想的创始者所面临的改进困难，我们可以举出许多其他例子。问题的关键是，即使是最具创造性的想法，在其应用的细节得到解决之前，也不会变得有用。以下方法将帮助你更有效地制定解决方案的细节：

假如你的解决方案涉及做某事（例如，在一个新的过程中），请回答这些问句。

- 具体要怎么做？按部就班吗？
- 这事由谁来做？
- 什么时候做？（按照怎样的时间表？）
- 在哪里做？
- 谁将为它提供资金？
- 使用什么工具或材料（如果要用的话）？
- 它们将从什么渠道获得？
- 如何运输它们？由谁运输？
- 它们将存储在哪里？
- 解决方案的实施需要什么特殊条件（如果有的话）？

如果你的解决方案涉及制造某东西（如新产品），请回答这些问句。

- 它将如何运作？透彻说明。
- 它会是什么样子？尺寸、形状、颜色、质地和任何其他相关的描述性细节都须具体。
- 它用什么材料制成？
- 它的生产成本是多少？
- 谁来承担费用？
- 它具体将如何使用？
- 谁会使用它？什么时候？在哪里？
- 如何包装？

- 如何交付？
- 如何存储？

### 第 2 步：发现不完美和复杂之处

在制定出解决方案的细节之后，你的下一步就是检查这些细节中的缺陷。请记住，尽管你通常倾向于认为你的解决方案是完美的，认为这一步不必要，但几乎可以肯定，你的解决方案，像其他任何解决方案一样，至少包含一些小缺陷。还要记住，你能否成功说服别人相信你的解决方案的价值，很大程度上取决于你是否乐意用你能使用的任何方法改进你的想法。

如果你在批判地检视解决方案方面没什么经验，你可能会遇到的最大困难就是：不明白要寻找什么样的不完美和复杂之处，以及如何去寻找它们。以下 4 种方法将有助于克服最初的困难，并确保你的分析是全面的。

第一，检查常见的缺陷。以下是最常出现缺陷之处。（当然，并不是每一个都适用于每一类型的解决方案。）尽管你不应该局限于这个并不穷尽的清单，但它是检查大多数解决方案的一个卓越起点。

- 清晰性：该解决方案是否难以理解？
- 安全性：该解决方案是否会对使用它的人或被施用的人造成任何危险？
- 便利性：该解决方案是否难以使用或执行？
- 效率：使用该解决方案是否涉及重大延误？
- 经济性：该解决方案的构建或实施成本是否太高？

- 简单性：该解决方案在设计或格式上是否过于复杂？
- 舒适度：使用该解决方案会感到不舒服吗？
- 耐久性：该解决方案是否可能损坏或发生故障？
- 美学：大多数人会觉得该解决方案丑陋或缺乏吸引力吗？
- 兼容性：该解决方案是否与其他产品或工艺相冲突？

第二，比较该解决方案与竞争方案。检查你的解决方案要取代的现有产品或流程，或者，研究与你的解决方案相竞争的另一个被提议的解决方案。确定现有产品、流程或竞争解决方案如何优于你的产品。（虽然你的解决方案在大多数主要方面应该是优越的，但它可能在一两个次要方面是低劣的。任何这样的地方都应被视为不完美。）

第三，考虑你的解决方案会引起哪些变化。问问你自己，如果你的解决方案被实现了会发生什么。即使是很小的变化也不要忽视。如果有的话，就确定哪些变化会引起复杂问题。

第四，考虑你的解决方案将对人们产生的影响。看看生活中的身体、道德、情感、智力和财务领域会受到怎样的影响。一定要考虑到可能发生在任何个人或群体身上的远期影响。你列出的大多数改变无疑是有益的。但是那些在任何方面都不合意的改变，往往标志着你的解决方案存在不完美和复杂之处。

### 第 3 步：做出改进

完善你的解决方案的第 3 步即最后一步是做出改进——消除缺陷。在这里，根据它们通常关联的解决方案的类型进行归类，列出了适用于大多数情况的改进类型。

对于一个新的或修改过的概念：

- 改变术语——让它更简单、更易记、更吸睛。
- 改变阐释方式——使用各种插图、类比等。
- 改变应用——应用于不同情境，或以不同方式应用它。

对于新的或修改过的流程、系统或服务：

- 改变完成它的那种按部就班的方式。
- 改变做事的人。
- 改变做这件事的地点。
- 更换使用的工具或材料。
- 改变获得工具或材料的来源。
- 更改工具或材料的存放位置。
- 改变所需的条件。

对于新的或改良的产品：

- 改变其大小、形状、颜色、质地等。
- 改变它的成分（制造它的材料）。
- 改变使用方式。
- 改变使用它的人、时间或地点。
- 改变包装或交付的方式。
- 更改存储方式。

当你解决一个问题，并尝试改进你的解决方案时，一定要考虑使用第 9 章阐述的生成创意的方法。具体来说，你应该考虑：逼出不寻常的反应，使用自由联想和类比，寻找新奇组合，想象各种可能性。毕竟，每一个不完美和复杂之处本身都是一个小难题，因此都会呼唤创造性过程，这种呼唤就如更大难题对创造性过程的呼唤一样。

最重要的是，确保不要满足于你第一次想到的改进办法。相反，你应该努力去生成创意，在你生成数目可观的可能性之前，抑制对任何一个创意的判断。

你偶尔会遇到这样一个缺陷，它要求你回到创造性过程的第 2 个阶段，更深入地调查此事，就像贝尔花时间掌握电学原理一样。在极端情况下，你甚至可能发现你的解决方案存在严重缺陷而不可行。此时，你会觉得好像你所有的努力都白费了。其实，它们并没有被浪费。找出什么不起作用是决定什么起作用的重要一步。

## 问题的两个范例

### 第 1 个问题

现在让我们将这种方法应用于一些案例，注意它是如何运作的。第 1 个案例与一家电影院的经理罗科（Rocco）有关。在电子资料的应用 7.3 中讨论了他的问题："近年来，许多竞争对手都在涉足他的那门生意，有线电视、点播和视频租赁服务，如网飞公司（Netflix），进一步减少了电影观众的数量。罗科迫切需要让更多的人光顾他的影院，特别是因为他开始听到老板谈论，如果票房收入情况没有改善，就会关闭影院，解雇他。"

假设：在考虑了这个问题的几种表达方式之后，你决定最佳表达是“如何将常看电影的人从其他影院吸引到罗科影院，以及如何吸引通常不去影院的人”。再假设：在调查了这个问题并生成了许多可能的解决方案之后，你认为把以下 3 个点子结合起来是最佳解决方案：提供有趣的展出，提供现场娱乐活动，以及向团体提供折扣。以下是你改进此解决方案的方法。（每个点子只提供了几个想法。当然，在你的分析中，会考虑得更多。）

### 第 1 步：制定细节

对于提供有趣的展出：

- 展出什么？比如，艺术品和手工艺品。
- 哪些艺术家和手工艺人？不会有任何限制。
- 罗科如何寻找展出自己作品的人？他可以向当地工艺美术委员会查询。
- 在哪里设置展出？在大厅。
- 需要哪些供应品？如何提供？桌子、椅子和展示架。每个展出者将提供自己的展品。

对于提供现场娱乐活动：

- 什么娱乐？进行个人或小组演奏的业余或专业音乐家。
- 罗科如何找到他们？他可以在大厅的海报上做广告，或者，与当地高中音乐老师或当地音乐家工会联系。
- 他将如何付酬？他可以让他们从影院的顾客那里募捐，或者让他们挂一个写有电话号码的牌子，这样他们就可以通过影院顾客的口口相传找到工作。

对于向团体提供折扣：

- 哪些团体？老年人组织、该地区特定企业的雇员、工会（任何工会）会员。
- 他如何让人们知道这个折扣？他可以在其平常的报纸广告中强调这一事实。

### 第 2 步和第 3 步：发现并解决不完美和复杂问题

对于提供有趣的展示：

- 复杂之处：这种展示可能会减小进出影院的交通流量，从而产生交通不便的难题，并可能违反安全守则。
- 改进：限制展示的数量，并把它们放在一个不碍事的角落。每周换一次展品。

对于提供现场娱乐活动：

- 复杂之处：音乐家工会可能会反对其会员无偿工作。
- 改进：将娱乐限制在年轻业余爱好者（例如高中生）的范围内。
- 复杂之处：业余爱好者可能不想被雇用从事其他工作，所以宣传他们的技艺可能不是一种激励。

- 改进：给他们免费入场券，每演奏一晚免费入场一周。

对于向团体提供折扣：

- 不完美之处：由于害怕街头犯罪，老年人可能不想在晚上参加。
- 改进：为他们提供日场折扣。

### 第 2 个问题

我们首次遇到第 2 个问题是在电子资料的应用 9.5 中。它的措辞是这样的：“第一次去医院可能是一次可怕的经历，尤其是对小孩子来说。尽可能多地想办法使医院的儿童病房成为一个不会引起焦虑、令人愉快的地方。”

假设：你对该问题的最佳解决方案是将下述这些点子结合起来——让医院的工作人员穿上五颜六色的衣服，播放儿童音乐，并将候诊室布置得吸引人。以下是你改进此解决方案的方法。（与上一个案例一样，每个点子只提供了几个想法。在你的分析中，会考虑得更多。）

### 第 1 步：制定细节

对于让医院的工作人员穿上五颜六色的衣服：

- 衣服会是什么颜色？衣服上有图案吗？是柔和的颜色，上面有动物、小丑和童谣人物。
- 谁会穿？医生、护士、助手、秘书——所有在儿童病房工作的人。

- 他们会穿什么样的套装？医生穿白大褂，护士、助手和秘书穿工作服或围裙。

对于播放儿童音乐：

- 什么样的音乐？童谣、儿童电影中的歌曲等。
- 音乐在哪里播放？遍及儿童病房、大厅和候诊室。

对于将候诊室布置得吸引人：

- 你会用什么装饰创意？特别的家具和墙纸。
- 具体是什么家具？它们有什么特别之处？儿童用的塑料家具——椅子、书柜、游戏桌，也许还有一个小跷跷板。每一件都是明亮的颜色，形状像一只动物。例如，椅子可以做成袋鼠的形状，座位就在育儿袋的位置。
- 你想要什么图案的墙纸？《鹅妈妈》中的景色。

### 第 2 步和第 3 步：发现并解决不完美和复杂问题

对于让医院的工作人员穿上五颜六色的衣服：

- 复杂之处：医生不太可能想穿，比如布鲁托（迪士尼经典动画角色之一,一只土黄色狗）外套——当巡查病房时，其他病房的人可能会觉得医生很奇怪。护士和其他人无疑也会反对这种不专业的着装，尽管他们无疑会赞同让病房变得愉快活泼的想法。

- 改进：让孩子们穿上彩色的长外衣，甚至将床单换成彩色的。

对于播放儿童音乐：

- 不完美之处：在护士站播放儿童音乐可能会扰乱那里正在进行的工作。在某些房间也不合适，例如，有重病儿童的房间或那些刚做完手术回来的人的房间。
- 改进：在那些想听音乐的人的房间里播放。还有，在候诊室放轻音乐。

对于将候诊室布置得吸引人：

- 复杂之处：如此大规模的重新装修和布置的成本可能令人望而却步。
- 改进：呼吁本地服务组织（例如，国际狮子会、基瓦尼斯俱乐部或国际扶轮社）捐赠基金。

所有提出的改进方案，都在没有制造新困难的情况下克服了它们要解决的不完美和复杂问题。当然，并非所有你想到的改进方案都能做到这一点。许多人会创造出比他们所要纠正的更大的不完美和复杂问题。出于这个原因，你应该审慎地制定你的改进方案。

第 12 章

# 评估你对一个争议的观点

在本章中，你将学习如何识别和消除推理中的错误。这一特殊的步骤只适用于争议，因为解决争议牵涉找到最合理的信念。

本章考察了两大类错误——影响你思想真实性的错误与影响你推理质量的错误。本章还包括循序渐进地评估论证的方法。

由于你解决争议的主要目标不是找到最有效的行动，而是确定最合理的信念，所以你改进争议的主要任务是评估你的论证，以确保它没有错误。两大类错误必须加以考虑：第一类影响论证的前提或断言的真；第二类影响论证的有效性——据以得出结论推理的正当合理性。一个健全的论证既真又有效。

## 影响真实性的错误

影响真实性的错误是通过检验作为个体论证之前提和结论的正确性来发现的。在这类错误中，第一个也是最常见的错误是单纯的事实不正确。如果我们恰当地调查过争议，并尽可能仔细地核实了我们的证据，这类错误就不该出现。因此，我们将限于考虑更微妙且常见的错误：

- 非此即彼式思维
- 回避争议
- 过度概化
- 过度简化

- 双重标准
- 转移举证责任
- 非理性诉求

### 非此即彼式思维

这种错误是：在实际上有多于两个选择的情境下，相信只有两个选择是可能的。这种思维的一个常见例子出现在创世论与进化论的辩论中。双方都经常犯这个错误。他们说："《圣经》的创世故事和科学进化论不可能都是对的。""一定是只有其中之一是对的。"他们犯错了。还有第 3 种可能：上帝创造了万物，但他是通过进化创造的。当然，这个观点是不是最好的，可能存在争议，但忽视它的存在是错误的。

非此即彼式思维无疑会发生，因为在争论中，聚光灯通常会聚在最明显的观点上，即冲突中最显眼的那些观点。任何别的观点，尤其是微妙的观点，都会被忽略。克服这种思维的最好办法是在选择一种观点之前，小心谨慎地搜寻所有可能的观点。如果你发现，你对一个争议的观点是非此即彼式思维，那就问问你自己："为什么一定是这种观点或那种观点？为什么不会是两者兼而有之，或者皆不是呢？"

### 回避争议

在法庭上，律师刚开始进入案件审理，她的同事就获知他们的关键证人改变了做证的主意。同事递给律师一张纸条："无话可辩。辱骂对方。"这就是回避争议的常用方式：故意攻击持相反观点的人，希望争议本身会被遗忘。这种情况在政治领域屡见不鲜。

例如，正在辩论的争议可能是一项具体的税收改革提案。一个候选人会说："我的对手支持这个提案的原因很清楚——这是一个流行的立场。他的履历中充斥着随波逐流以获得选民支持的例子。"诸如此类。当然，候选人所说的可能是对手的真实情况，若是这样，它肯定与对手是否值得当选的争议有关。但这与眼下的争议即税收改革提案无关。

回避争议不一定是出于欺骗，就像刚才那个例子。它的出现，可能是由于无意的误解，或者由于无意识滑向某一不相干的事物。尽管无辜，但它仍然是错误的。为了检核你的推理，要密切考察每个争议，并问问你的解决方案是否确实是对它的回答。假若它不是对欲解决争议的回答，就使其成为这样的回答。

## 过度概化

过度概化的意思是，接受一个有效的想法，并将其扩展到合理范围之外。例如：

- 堕胎的妇女贫穷且未婚。
- 政客是腐败的。
- 保守的基督徒不宽容。
- 男人很难表达自己的感受。

这些陈述有时都为真。也就是说，我们可以找到贫穷未婚妇女堕胎、腐败政客的例子，凡此种种。然而，在每种情形下，我们也可以找到不符合那些断言的例子。这就是使这些陈述过度概化的缘由。（事实上，你的过度概化尚未采取最极端的形式——我们在第 3 章中讨论过的刻板印象——不应该让你自满于纠正它们。它们依旧会严重地损毁你的论证。)

要在你的论证中发现过度概化，就要警惕陈述了或蕴含着“所有”或“没一个”的那些陈述的思想。(上述 4 个例子都是如此。)偶尔，你会发现一种情景，在其中，“所有”或“没一个”是正当合理的，但在绝大多数情形下，批判性评估将表明并非如此。为了纠正过度概化，你要决定什么程度的概化是合适的，并相应地修改你的陈述。例如，在上面所讨论的 4 种情况下，你会考虑这些可能性：

某些<br>许多<br>大多数<br>所有<br>某一特定成员 ……堕胎的妇女贫穷且未婚。

某些<br>许多<br>大多数<br>所有<br>某一类型 ……政客是腐败的。

某些<br>许多<br>大多数<br>所有<br>在某些文化条件下 ……保守的基督徒不宽容。

某些<br>许多<br>大多数<br>所有<br>在某些文化条件下 ……男人很难表达自己的感受。

## 过度简化

简化一个复杂的现实，以便更好地理解它，或者更清楚地与他人交流，这并没有错。老师总是简化，尤其是在小学。只有过分的简化才会成为问题：它超越了把复杂的事情弄清楚，开始扭曲它们。在这一点上，它不再代表现实，而是歪曲现实。这种过于简单化经常出现在关于因和果的推理中。例如以下犯有此错误的 3 个例子：

- 在 2010 年大选中，选民不满的原因是高失业率。
- 美国纳粹党对该国的精神生活有有益的影响。它提醒人们言论自由和集会自由的宪法权利。
- 恢复在黄金时段播出的公开处决节目，会让犯罪活动变得不那么吸引人，假以时日，让我们的社会少一些野蛮、多一些文明。

这些陈述包含真理的颗粒。然而，它们并不能公平或准确地代表所描述的现实。它们专注于一个原因或结果，好像它是唯一的原因或结果。事实上，还有别的原因或结果，其中一些很重要。

如果你在你的论证中发现过度简化，就问问你的陈述忽略了争议的哪些重要方面。要纠正过度简化，就要决定事情的哪种表达最好地反映现实而没有扭曲现实。

## 双重标准

双重标准是指，对同一行为或观点的判断，因行为实施者或观点持有者不同而不同。识别双重标准的出现，通常可以依据对比鲜明的描述或分类术语的使用。这样的话，假如钱给了我们不认识或不认同的人，我们可能就会批评政府援助计划是一种福利救济，但如果钱给了我们的朋友，我们可能就会将其辩护为一种必要的补贴。同样，如果一国凭武力越过另一国的边界，我们就可能将这一行动认可为“确保边界安全”，也可能会谴责它是“赤裸裸的侵略”，这取决于我们对相关国家的感情。

注意，不要将双重标准与根据其环境对事情的合理判断混为一谈。承认真正的差异永远不会错。因此，假若你发现你对某一特定事例的判断与其他同类事例不同，就仔细看看当时的环境条件。如果它们有正当理由给予不同的判断，你就没有使用双重标准的过错。然而，如果它们没有正当理由给予不同的判断——比如你的推理显露出偏袒一方——你就犯了错误，而且应该修正你的判断，使其公平。

### 转移举证责任

此种错误是这样构成的：做出一个断言，然后要求反对方证明它是假的。这是一个不合理的要求。做出断言的人有支持其主张的责任或负担。尽管反对方可能会接受证明该断言为假的挑战，但他没有义务这样做。例如，假设你对一个朋友说“上次选举中存在广泛的选民舞弊现象”，你朋友反驳你，你回答说“除非你能否证我的主张，否则我有理由相信它”，你就已经转移了举证责任。既然你做出选举舞弊的断言，你就有义务支持它。要在你的论证中消灭这个错误，就要找出所有你已做出但尚未得到支持的断言，并为它们提供充分支持。假如你发现你不能支持一个断言，就撤回它。

### 非理性诉求

这个错误把你的论点建立在不合理的诉求之上。最常见的形式是诉诸习惯做法（“每个人都这么做”）、诉诸传统（“我们不必改变长久以来已确立的东西”）、诉诸恐惧（“可怕的事情可能会发生”）、诉诸中庸（“让我们不要冒犯任何人”）和诉诸权威（“我们无权质疑专家”）。当然，捍卫习惯做法或传统、警告危险、敦促中道或支持专家意见，并没有什么错。只有当这些诉诸被用来代替缜密的推理时——当它们针对的是听众的情感而不是他们的心智时——它们才被滥用了。为了纠正非理性诉求，把你的论证重新集中在你的思想的具体优劣上。

## 影响有效性的错误

影响有效性的错误，不会发生在任何单个前提或结论中。相反，它们出现在从前提得出结论的推理中。因此，确定一个论证是有效的还是无效的，我们必须检视前提与结论的关系。支配有效性的逻辑原则是构成形式逻辑的主要内容，逻辑学的这个领域关注各种各样的论证形式。由于对形式逻辑的细致处理超出了本书的范围，我们将集中讨论在引起不同意见的争议中经常发生的一个基本错误：不合逻辑的结论。

不合逻辑的结论指一个不能从先于它的前提中符合逻辑地推导出来的结论。逻辑学家称这样的结论为推不出。这个词来自拉丁语，字面意思是“不能由此得出”。在考察不合逻辑的结论之前，让我们先看一个合乎逻辑的结论：

任何缩短人们注意力持续时间的事物，都会损害他们的注意力。电视广告缩短了人们注意力的持续时间。因此，电视广告损害了人们的注意力。

这个结论是合乎逻辑的，因为：如果任何缩短人们注意力持续时间的事物都会损害注意力，而且电视广告确实缩短了注意力持续时间，那么电视广告必然会损害人们的注意力。毕竟，商业广告是一种属于第一个前提中所指定的“任何事物”的东西。要记得，我们检核推理的有效性时，不是在检核前提或结论的真。这种关联是另一回事。因此，即使是一个荒唐可笑的论证，也可能是技术上有效的。试看一例：

任何让人消化不良的事物都会损害他们的注意力。电视广告使人消化不良。因此，电视广告损害了人们的注意力。

现在让我们来看一些不合逻辑的结论，弄清是什么使它们成为这样的。

所有选修明显超出自己能力水平课程的人肯定会不及格。萨曼莎正在选一门完全在其能力范围内的课程。因此，萨曼莎肯定会及格。

即使所有那些选了远远超出自己能力水平课程的人都必然会不及格，这也不能排除不及格的其他原因的可能性，这些原因既适用于有能力者，也适用于无能力者。换句话说，第一个前提并不蕴含着只有无能力者才会不及格的逻辑。萨曼莎可能格外熟练，但仍然不及格，因为她逃课，没有提交规定的作业。

这里有另一个不合逻辑的结论的例子：

> 关心环境的人会支持提交给国会的清洁空气法案。博伊奇克参议员支持清洁空气法案。因此，博伊奇克参议员关心环境。

这个论证的第一个前提说的是，关心环境的人——所有人[①]——都会支持这项法案。然而，它并没有说再无其他人会支持该法案。因此，一些不关心环境的人可能会出于政治原因也支持它。博伊奇克属于哪个团体尚不清楚。因此，结论是不合逻辑的。

不合逻辑的结论也出现在假言（如果-那么）推理中。当然，并非所有假言推理都是有缺陷的。这里有一个有效假言推理的例子：

> 如果一个人在犯罪时使用枪，那么他应该被处以附加刑。西蒙在犯罪时使用了枪。因此，西蒙应该被处以附加刑。

第一个前提规定了适用附加刑的条件。第二个前提提出了满足这些条件的一个实例。在这种情况下，应适用附加刑的结论是合乎逻辑的。

---

① 虽然前提说的是人，而不是所有人，但清楚传达了所有人的意思。通常，当没有限定词或短语（如有些、许多、某地的公民）出现时，我们可以推定所有想要表达全称的意思。

相比之下，这里有一个不合逻辑的结论：

> 如果一个人在犯罪时使用枪，那么他应该被处以附加刑。西蒙因犯罪而被处以附加刑。因此，西蒙在犯罪时使用了枪。

在这里，第一个前提提出了附加刑的一个条件。它不排除适用附加刑的其他条件的可能性。因此，我们无法知道西蒙的附加刑是由于使用枪还是其他原因。

下面是另一个不合逻辑的结论的例子：

> 如果一个人有巨额财富，那么他就可能当选。迈乐斯当选了。因此，迈乐斯有巨额财富。

这个论证的第一个前提指定了一种当选方式。可能还有其他方式，包括来自有影响力团体的支持，以及讲给人们他们想听之话的技能。迈乐斯是怎么当选的？我们不能根据给出的信息加以确定，所以这个结论是不合逻辑的。

假言论证中的不合逻辑的结论，偶尔会以一种稍许不同的形式出现：条件句的反转。下面的论证说明了这一点：

> 如果恢复死刑，那么犯罪率会下降。因此，如果犯罪率下降，那么将恢复死刑。

这里的错误将不一定可逆的关系给反转了。第一个前提明显的含义是，恢复死刑与犯罪率下降之间是原因与因果的关系。反转这种关系使结果变成原因，原因变成结果。在逻辑上，这样的反转推不出。

## 一个特殊的难题：隐含前提

在日常讨论或写作中，论证的表达并不总是像我们的例子那样精确。句子的顺序可能不同，例如，结论可能在先出现。因此这个词，可以用各种信号词来代替。所以与由此得出这两个词就是两种常见的替代。有时并不使用信号词。这些变化使论证的评估有点耗时，但它们并不构成真正的困难。然而，有一种可能会导致真正困难的变化：隐含前提。隐含前提是暗含、未陈述出来的前提。下面的例子是一个有隐含前提的论证。（这样的论证在逻辑学中称为省略三段论或省略论证。）

| 带有隐含前提的论证 | 表达了前提的同一论证 |
| --- | --- |
| 自由意味着责任。<br>这就是大多数人害怕自由的缘故。 | 自由意味着责任。<br>大多数人害怕责任。<br>这就是大多数人害怕自由的缘故。 |

有隐含前提的论证不见得就有错。在上例中，隐含前提的论证取自萧伯纳的作品。依其展现的任何一种形式，该论证都完全是有效的。隐含前提的唯一问题是，它们模糊了论证背后的推理，使评估变得困难起来。因此，当一个前提被隐藏时，它就应该在评估论证之前被识别和表达出来。这里还有几个隐含前提论证的例子。请注意，当隐含前提被表达出来时，把握推理就容易多了。

| 有隐含前提的论证 | 表达出隐含前提的论证 |
| --- | --- |
| 卖淫是不道德的，所以它应是非法的。 | 任何不道德的事情都应是非法的。卖淫是不道德的，所以它应是非法的。 |
| 报纸是民主的威胁，因为它们拥有太多的权力。 | 所有权力过大的机构都是对民主的威胁。报纸是民主的威胁，因为它们拥有太多的权力。 |
| 如果布鲁斯特·布兰德是个顾家的好男人，他就会成为一个好参议员。 | 如果一个人是一个顾家的男人，他就会成为一个好参议员。布鲁斯特·布兰德是个顾家的好男人，因此他会成为一个好参议员。 |
| 艾滋病是一种代价高昂的绝症。因此，健康保险公司应能在人们感染艾滋病时暂停承保。 | 保险公司不应为代价高昂的绝症提供保险。艾滋病是一种代价高昂的绝症。因此，健康保险公司应能在人们感染艾滋病时暂停承保。 |
| 许多名人相信，一个 35 000 岁的灵魂实体拉姆萨通过灵媒 J. Z. 奈特说话。因此，这种信念是值得尊重的。 | 如果许多名人相信某件事，那件事就是值得尊重的事实。许多名人相信，一个 35 000 岁的灵魂实体拉姆萨通过灵媒 J. Z. 奈特说话。因此，这种信念是值得尊重的。 |

## 识别复杂论证

并非所有论证都能用两个前提和一个结论来表达。许多论证很复杂，涉及一系列前提和结论。此外，这些前提和结论中的某一些，就像我们讨论过的隐含前提一样，是未表达出来的。例如，考虑这个论证：

> 传播和娱乐媒体比父母和老师对年轻人的影响更大，所以媒体对少女怀孕、吸毒和酗酒、暴力以及学业不良负有更大的责任。

乍一看，这个论证似乎只省略了一个前提。实际上，这是一个复杂论证，而且还省略了更多的东西。如果什么都不省略的话，应该这样表达：

> 对年轻人的态度和价值观影响最大的机构，对这些态度和价值观引起的行为负有最大的责任。现在，媒体比父母和老师有更大的影响力。此外，媒体传播的信息往往会导致冲动和对即时满足的需求，并造成或加剧诸如少女怀孕、吸毒和酗酒、暴力以及学业不良等问题。因此，对于这些问题，传播和娱乐媒体比家长和老师负有更大的责任。

这里还有一个复杂论证的例子。论证首先用日常对话常用的缩写形式表达，然后用完整的逻辑形式表达。

缩写的论证：政府浪费了数十亿美元的税款，所以我没有义务报告我所有的收入。

完整的论证：政府浪费了数十亿美元的税款。浪费纳税人的钱会不必要地增加每个人的税负。我是纳税人，所以政府不必要地增加了我的税负。此外，当政府不必要地增加纳税人的税收负担时，纳税人没有义务申报全部收入。因此，我没有义务申报我所有的收入。

认识到一个论证是复杂的，并在必要时更完整地表达它，是论证分析的必要一步。但这样的认识和表达并不能完成分析。换句话说，在我们的两个例子中，我们现在知道了完整的论证是什么，但我们还不知道它是不是健全的，也就是说，它的前提是否为真，从前提到结论的推理是否有效。

## 评估论证的步骤

下面 4 个步骤是应用你在本章中所学知识的有效方法——换句话说，评估你的论证并克服它可能包含的有效性或真实性方面的任何错误：

第一，尽可能清楚地陈述你的论证。务必识别任何隐含前提；如果论证是复杂的，就要表达它的所有部分。

第二，检查你的论证的每一部分，找出影响其真实性的错误。（为了确保你的检查不是敷衍了事，你可以扮演魔鬼代言人，挑战该论证，问尖锐问题，没有什么是理所当然的。）注意非此即彼式思维、回避争议、过度概化、过度简化、双重标准、转移举证责任或非理性诉求的例子。此外，确认一下，该论证反映了你在调查中发现的证据（见第 8 章），且与你之前提出的正反论证和情景介绍相关（见第 9 章）。

第三，检查你的论证是否存在有效性错误；也就是说，考虑将结论与前提联系起来的推理。确定你的结论是合乎逻辑还是不合乎逻辑。

第四，如果你发现一个或多个错误，就修改你的论证以消除它们。你不得不对你的论证做出的改变，取决于你所发现的是哪类错误。有时，只需要稍加修改——例如，增加一个简单的限定条件，或者用一个合理诉求代替不合理诉求。然而，有时所要求的改变更为剧烈。例如，你可能发现你的论证有如此多的缺陷，以至于唯一合适的行动就是完全放弃它，接受一个不同的论证。在这种情况下，你也许会试图把你的论证乔装打扮成是健全的，并期盼无人会注意到那些错误。抵制这种期盼。把时间花在完善一个你明知不健全的观点上是愚蠢的，也是不诚实的。

为了说明如何执行这些步骤，我们现在考察两个争议。

## 家长抗议电视节目的例子

你最近读过一些关于抗议电视广告和节目的文章。抗议者大多是学龄儿童的父母。他们或以个人名义，或通过他们所属的组织，直言不讳地表达了对学校和家庭所传授的价值观正在被电视暗中破坏的担忧。具体抱怨涉及在电视节目中突出性和暴力，在广告中诉诸自我放纵和即时满足，在节目和广告中鼓吹“如果感觉好，就去做”。抗议者敦促关心此事的公民，投诉赞助节目的公司，威胁要抵制它们的产品，除非这些冒犯被消除。

假设确认这里的主要争议是“父母对公司提出这样的要求是正当合理的吗？”，在考虑了这件事并产生了一些想法之后，你认为最好的答案是“不，它们不是正当合理的”，并陈述你的论证，如下：

> 只有那些为电视节目和广告付费的人，才有资格对它们说三道四。这些公司独自支付。因此，只有这些公司才有发言权。

你检查你的论证是否有有效性错误，发现没有后，检查它的真实性或相关性的错误。你扮演魔鬼代言人的角色，问道：“公司独自支付吗？”“付款究竟是如何处理的？”在不确定的情况下，你问了一位商业教授，得知电视节目和其他广告的赞助是整体产品预算的一部分。你还获知了这些成本以及其他原材料、制造、包装、仓储和运输的成本，都反映在产品的价格中。

“等一下，”你提出自己的推理，“如果电视节目和其他广告成本反映在产品的价格中，那就意味着消费者在为每一个电视节目和广告播出付费。若是这样，家长（和其他消费者）就有权说三道四，提出要求，并威胁抵制。”所以，你相应地修改了你的论证：

> 那些为电视节目和广告付费的人有权对它们发表意见。消费者买单。因此，消费者有发言权。①

在详细阐述这一论证时，你当然会处理由此产生的重要问题，包括这个问题：公平原则提示消费者在提出此类要求时遵循什么准则？对这个问题和相关问题的回答，你也应该评估它们的合理性。

## 智障女孩的例子

3 名患有精神障碍的女孩的父母向法院提起诉讼，寻求做出绝育决定的合法权利。在这里，更大的争议仍然存在争议。假设你将它表达成这样：“任何人都应该有权为另一个人做出如此重大的决定吗？”

在调查了这个争议并提出了一些想法（包括主要的正反论证，

① 当你评估自己的推理时，你的论证中这种形式的、逻辑的（a + b = c）陈述是必不可少的。然而，这很少适用于一篇文章中的中心思想的陈述。在这种情况下，你的中心思想的陈述或许是：“因为消费者为电视节目和广告付费，所以他们有权提出要求和威胁抵制。”

以及若干相关的场景）之后，你这样陈述你的论证：

> 那些把孩子的利益放在心上的人，如果他们适当知情，可以期望他们做出明智的判断。大多数父母或监护人都把孩子的利益放在心上。因此，如果父母或监护人适当知情，他们可以做出明智的判断。此外，知道孩子是否有能力履行为人父母的责任构成了适当知情。一位合格的医生可以告诉父母或监护人，孩子是否有能力履行为人父母的责任。因此，一个合格的医生可以适当地告知父母。

你检查你的论证（一个不能用两个前提和一个结论充分表达的复杂论证），并认为尽管它是有效的，本质上是真的，但它提出了一个不容忽视的严肃问题：“这样的制度能为孩子提供充分的保护吗？”你可以通过想象各种很容易出现的可能情况来解决这个问题，特别是以下几种情况：

第一，父母担心他们的孩子会给他们带来耻辱。他们向医生施压，要求医生证明他们的孩子永远无法履行为人父母的责任，尽管事实并非如此。这位医生虽然有资格做出适当的诊断，却毫无道德可言，因此愿意收费为任何事情做证明。

第二，父母是负责任的；医生不仅是合格的，而且在道德上无可指责。父母决定在孩子 4 岁时给其做绝育手术。几年后，医学科学找到了一种方法来解决孩子的智力障碍问题。孩子恢复了正常，但绝育不能逆转了。

为了防止第一种情况发生，你修改了你的论证，规定：证明是由一个医生委员会而不是单个医生开具的。你也可以决定委员会的组成。（所有外科医生？一个或多个心理学家？一个精神发育迟缓方面的权威人士？）不幸的是，没有办法确保第二种情况不会发生，不过你认为有一种方法可以大大降低风险。为了达到这个目的，你在你的论证中加上了这样一个条款：在青春期开始之前不得进行绝育。

这个案例和父母抗议电视节目的案例，与其说是为了提升其中所包含的论证，不如说是为了说明评估你对争议立场的过程。重要的不是你同意这些论证，而是你认识到评估自己论证的重要性。

第 13 章
# 改进争议的解决办法

第 11 章展示了如何使用批判性思维来改进争议的解决方案。本章对争议也做了类似的展示。你将学会在争议解决过程中应如何采取行动。以及如何认识和克服可能出现的任何困难。

并非所有争议都需要本章所描述的处理方法。在许多情况下，当你评估你关于争议的论证时，你对该争议的分析即将完成。若有必要，再修改它以克服不足。例如，也许涉及“二战”期间欧洲盟军最高指挥官德怀特·艾森豪威尔将军，是否在等待苏军进入柏林之前犯了一个战术错误的争议。一旦你依证据找到了最合理的那个答案，就不需要再做什么了。

另外，在许多其他情况下，你不会满足于决定什么信念是最合理的，还会希望考虑基于这种信念应该采取什么行动。例如，如果你认为电视节目和广告对年轻人的智力发展有严重的负面影响，你就很可能会考虑应该做些什么来消除或抵消这种影响。如果你开始相信，枪支管制会显著减少枪击事件中丧生的人数，你可能会想出一个计划，让国会通过更严格的枪支管制法。

本章涉及后一种情况，在其中，你对争议的立场促使你建议进一步行动。在这种情况下，你必须决定到底应该做什么，在做的过程中如何识别困难，以及如何最好地克服这些困难，这与改进你的问题解决方案时所采用的方式大致一样。要理解这些决定的重要性，你只需要反思这一事实：一个考虑不周的实施计划，甚至可能让最合理的信念也显得站不住脚。

## 第 1 步：决定应该采取什么行动

这一步由提出和回答构成。虽然并非下述所有问句都适用于每一种情况，但它们中的大多数适用于大多数情况。

- 准确地讲，要做什么？
- 怎么做？例如，如果要分阶段完成，就明确指出这些阶段。如果需要特别程序，就详细说明该程序。
- 由谁来做？
- 做这项工作的人将自愿参加，还是被分配的？若是后者，任务将如何完成？
- 这些人需要接受培训吗？如果是，培训内容是什么？如何、何时、由谁进行培训？
- 该行动什么时候进行？根据怎样的时间表？
- 这一行动将如何获得资金与广为宣传？

## 第 2 步：识别并克服困难

乍一想，你也许觉得你的行动计划万无一失。这种想法不明智，因为无论一项计划被多么小心地构思，它都可能遇到困难。承认这一事实并努力提前识别这些困难，你可以增加成功实施该计划的机会。以下是识别潜在困难的 4 种方法：

第一，检查常见类型的缺陷，例如以下这些缺陷。（这是第 11 章中列表的节略版本。）

安全性：你的计划是否会对使用它的人或被施用的人造成任何危险？

便利性：这个计划实施起来会棘手吗？

效率：该计划是否会涉及重大延误？

经济性：这个计划实施起来太昂贵吗？

简单性：该计划是否过于复杂？

兼容性：该计划是否会与任何其他本该协调的程序相冲突？

合法性：该计划是否符合法律，或者至少包括修改与其冲突的法律条款？

合道德性：该计划的任何方面是否违反了一项或多项道德原则？（参见第 2 章。）

第二，比较你的行动计划与竞争计划（如果有的话）。确定这些计划是否具有你的计划所缺少的任何有价值的特性。

第三，考虑在现有情况下你的计划会产生什么改变。列出这些改变，注意不要忽略任何不合意的改变。

第四，考虑你的计划将对人们产生的影响，不仅包括身体影响，还包括道德、情感、智力和财务影响。一定要考虑最终的影响和直接影响，以及微妙的影响和明显的影响。

在使用了这 4 种方法，并确定了在实施计划时可能出现的困难后，要考虑如何最好地克服这些困难。与所有想法的产生一样，延缓判断，加大你的努力，生成各种各样的点子来克服每一个困难。然后选择最好的点子并相应地修改你的计划。

为了看看这些步骤将如何应用于实际情况，让我们考察两个争议的范例。

## 孩子们应该宣誓效忠吗

宣誓效忠国家的争议时不时地复活，美国各地的辩论也愈演愈烈。这个争议可以表达如下：“公立学校的学生是否应该被要求在每天开始时齐声背诵效忠誓言？”让我们假设，在仔细分析和修改了你最初的观点后，你做了如下推理：

> 一个建立在尊重每个人的基本尊严和相应权利基础上的政府系统，理应得到其公民的效忠。无论其适用条件是否失效，美国都是建立在尊重每个人的基本尊严和相应权利的基础上的。因此，美国理应得到其公民的效忠。而且，任何在公民中培养构成这种效忠基础的理解与欣赏能力的努力，都是可接受的，只要它不侵犯个人的尊严或导致损害他们的个人信仰。不幸的是，在某些情况下，要求公立学校学生在学校背诵效忠誓言，确实会损害他们个人的信仰或致使他们受到虐待。① 因此，这一要求是不可接受的。

因为你的论证不仅排斥了所要求的宣誓，而且肯定了效忠的价值以及培养构成效忠基础的理解和欣赏能力，所以你可能会觉

① 在 20 世纪 30 年代，数百名耶和华见证人可以选择背诵誓言或被学校开除。因为他们的宗教认为，背诵誓言是一种亵渎，所以他们选择了被开除。结果，大多数人遭受言语虐待，一些人还遭受身体虐待。在西弗吉尼亚州的里奇伍德（Richwood），9 名见证人拒绝背诵誓言之后，警方强迫他们吞下大量蓖麻油。在其他地方，见证人遭到袭击、涂柏油、粘羽毛，还有一次被阉割。在缅因州的肯纳邦克（Kennebunk），2500 名愤怒的暴徒洗劫并纵火焚烧了当地的国度堂（Kingdom Hall）。起初，最高法院支持市政当局要求宣誓的权利；接下来，在 1943 年，它发生了逆转。

得这个争议所建议的行动是合适的。因此，你可能会决定，学区应该强制执行：教师在每天开始时保持一段时间的沉默，让学生反思他们对国家和同胞的感激之情，因为他们生活在这个国家。你的想法的进一步细节可能包括为这段反思期的进行提供全州范围的指导方针，并向公众传播这些指导方针，以防止任何误解。

在检查这个计划的缺陷和其他困难时，你可能会决定，尽管它没有争议，但它不会达到目的。学生可能会利用这段时间考虑他们的社交生活、个人问题等。即使他们按预想的办，也无法确保他们的反思有助于他们增进理解和欣赏。

在这种情况下，你的检查很可能会让你把建议改为更符合你目标的建议。例如，你可能建议每周留出一段时间（也许是课前集合时间），安排关于生活在一个民主社会中的权利和责任的课堂讨论。你可以进一步指出，讨论的重点是凸显这些权利和责任的重要历史事件，或者是即时的问题和争议。

## 应该废除米兰达法则吗

纽约州最高法院法官哈罗德·J. 罗斯瓦克斯（Harold J. Rothwax）相信，美国的刑事司法系统正处于崩溃的边缘。他论证说，对被告人人权的关注已取代寻找真相的目标。因此，警察、法官和陪审员在履行其职责时受到阻碍。罗斯瓦克斯为纠正这种情况提出了几个建议，其中之一是放弃米兰达法则（*Miranda ruling*）。最高法院的裁决是，要求警方在进行审讯之前向每个嫌疑人宣读其权利。如果他们不满足这一要求，嫌疑人做出的任何陈述，无论是自愿做出的，还是在回答他们的一个问题时做出的，都可能在审判中被压制。

例如，假设警察以涉嫌谋杀罪拘留了一名男子，在他们宣读他的权利之前，他开始哭泣并供认："我谋杀了那个女孩，她不是我的第 1 个受害者，而是我的第 10 个受害者。我会带你们去我埋葬她们的地方。"再假设，之后他把警察带到其他 9 个受害者的埋葬地。由于警察没有向他告知"米兰达警告"（Mirandize），检察官很可能无法使用该男子的供词或他供认的其他罪行的证据。

假设你仔细考察了罗斯瓦克斯法官的建议，考虑了他的批评者的反应，并在评估和修改了你最初的想法后，提出了以下看法：

> 任何阻止起诉罪犯的行为都妨碍司法公正，并威胁守法公民的安全。法庭上对相关证据的压制，阻止了对罪犯的起诉。因此，法庭上对相关证据的压制妨碍了司法公正，并威胁到守法公民的安全。然而，侵犯人身是一种犯罪。警察胁迫、恐吓和暴力威胁是侵犯人身的形式。因此，警察胁迫、恐吓和暴力威胁是犯罪行为。

由于你的论证承认了争议双方的有效点，所以它提出了这样一个问题："那么，应该做什么？米兰达法则应该被废除还是保留？警察虐待嫌疑人的行为发生时，该行为应被忽视，还是惩罚？"这就造成了推荐行动方案和解决实施过程中所涉及困难的负担。在应对这一挑战的众多可能对策中，你可以采取以下回应：

第一，米兰达法则应被暂停，在审判中所有相关证据都应被允许，无论这些证据是如何获得的。现行制度因警察的错误而惩罚社会，并用于鼓励罪犯，给罪犯壮胆。刑事审判的唯一目的应该是确定被告是否有罪；如果有罪，是否存在任何减轻处罚的情节。

第二，警察对犯罪嫌疑人进行的情感或身体虐待应被视为犯罪。罪犯应面临适当的刑事处罚，并可能被开除出警队。应允许受害者对相关官员和雇用他们的市政当局提起民事诉讼。

关于改进你的争议解决办法的最后一点：对你热衷的计划进行批判性检视，需要真正的自律。那种自律是杰出思考者与众不同的品质之一。此外，这也是他们有效说服他人赞同其观点的主要原因之一。

# 第四部分

# 交流思想

一些读者会惊讶地发现，一本讨论思考的书竟然包含了交流这一主题，因为他们假定这两个主题是不相关的。实际上，思考与交流密切相关。首先，表达思想能澄清思想。正如美国哲学家莫蒂默·阿德勒所阐释的那样："思考倾向于用言辞表达自己，无论是口头的还是书面的。一个说他知道自己思考什么却不能把它表达出来的人，通常并不知道自己在思考什么。"①

此外，本书所关注的各种想法——问题和争议的解决办法——在与他人交流时最有意义。第 14 章阐述了如何有说服力地表达你的想法。第 15 章介绍有效写作和演讲的基本原理。这一章的顺序适合那些在写作和演讲方面已经达到基本熟练程度的读者，因此只需要偶尔回顾一下基本原理。（那些未达到这种熟练程度的读者，最好在阅读第 14 章之前先阅读第 15 章。）

① Mortimer A，Charles V D. How to Read a Book[M]，rev. ed. New York：Simon & Schuster，1940，1972：49.

# 第 14 章 说服他人

有些人很容易让自己的观点得到他人的支持，甚至在有争议的问题上也是如此，而另一些人则遇到了强烈的抵制。造成这种差异的原因是什么？有说服力的人是拥有别人所缺乏的特殊才能，还是因为他们后天养成了习惯和技能？尽管天赋肯定是一个因素，但说服力在很大程度上是后天习得的。本章将告诉你如何了解你的听众，预见他们的反对，并以有利的方式表述你的想法。

鲍里斯·诺德尼克刚刚结束了他在家长－教师协会会议上的陈述："女士们，先生们，总结一下我的建议。我们学校系统的每位老师都应该让学生在一学年的每一天写1到3段作文，并对提交的每篇作文提出有益的改进建议。这是让我们的学生熟练使用书面语的唯一明智方法。"当观众为他的讲话鼓掌时，他停顿了一下，然后问道："有什么疑问吗？"

坐在后排的一位女士举起了手。鲍里斯向她致意，她站起来说："诺德尼克先生，在你做报告的时候，我做了一些粗略的计算。在我们的学校系统中，每个老师在一个课堂上平均有27个学生。以平均7分钟修改一篇作文来计算（保守估计），每位老师每周将额外花费15个小时来修改这些作文。老师已经在晚上和周末做了大部分关于课程计划的事。你指望他们什么时候能有时间批改那些作文？"

鲍里斯红了脸，结结巴巴地说："嗯，嗯，呃，女士，啊，让我看看……我得核对一下那些数字。我现在真的不知道。"可怜的鲍里斯。然而，不管他的想法在他自己看来多么可行，也许对许多听众来说，这个想法现在很可能已经夭折了。

虽然读者的反应没有现场听众的反应那么引人注目，也没有那么尴尬，但也同样真实且关键。读者可能无法站起来亲自提出这些棘手的疑问，但他们可以而且的确仍在思考这些疑问。这不足为奇。有说服力的交流要求听众用他们闻所未闻的想法或他们曾经考虑过但排斥了的想法，来取代他们知道并接受的想法。在许多情况下，它还要求听众通过投入时间、金钱甚至承担风险来合作实施这些想法。

说服不会为你自动发生，就如对鲍里斯一样。实现说服需要的不仅仅是思考能力。这并不意味着创造性思维和批判性思维不重要；正如我们在之前几章里一再指出的那样，它们必不可少。在你有可能说服聪明人之前，你必须有优质的想法。然而，生成优质想法还不够，你还必须帮助你的听众承认这些想法的质量。要做到这一点，你必须：

- 理解为什么人们会排斥某些想法。
- 了解你想要说服的特殊听众。
- 预见你的听众的反对意见。
- 以有利的方式表达你的想法。

## 理解为什么人们会排斥某些想法

人们的思想和信念越是受到挑战，他们的反对可能就越强烈。这是历史上一贯的模式。例如，当尼古拉斯·哥白尼提出太阳而非地球是太阳系中心的原创观点时，他得到的不是掌声而是轻蔑。马丁·路德对这个原创观点的回应是："这个傻瓜想颠覆天文学的整个体系。"约翰·加尔文讥讽地说："谁敢把哥白尼的权威置于圣灵的权威之上？"31 年后，哥白尼临终前的奖赏是其思想得以发表——但即便如此，其思想仍未被接受。

当伽利略接手哥白尼的事业时，他的情况也好不到哪里去。他被认为是一个疯子，如果不是教会高层的好朋友为他说情，他就会被当作异教徒处死。为了保住自己的性命，他必须付出的代价是公开放弃他知道是正确的思想。

那个时代的女科学家——尤其是助产士和内科医生——面临着另一种险境：被当作女巫折磨或处决。仅在 17 世纪，估计有 4 万名妇女因巫术而被处决，而且这种做法一直持续到 19 世纪。因此，只有最杰出的女性才能在科学领域取得成功。比如，玛利亚·加塔娜·阿涅西（Maria Gaetana Agnesi），她是 18 世纪天才的语言学家、数学家和慈善家，她的作品对积分学基础至关重要。虽然她因其数学天才而被称为“阿涅西女巫”，但她很幸运没有被当作女巫迫害。然而，直到今天，她最著名的数学公式仍被称为阿涅西女巫。

甚至最具建设性和最有帮助的想法一开始也遭到排斥。当查尔斯·纽博尔德（Charles Newbold）发明铸铁犁时，农民拒绝使用，因为他们相信这会污染土壤。当霍勒斯·韦尔斯（Horace Wells）第一次使用气体作为麻醉剂拔牙时，他的同事嘲笑他。约瑟夫·李斯特（Joseph Lister）消毒手术的开创，被当作不必要的家务开支遭摒弃。威廉·哈维（William Harvey）对血液循环的发现，被排斥了 20 年，使他受到了嘲笑和辱骂，并让他的行医机会丧失大半。国务卿威廉·H. 西沃德（William H. Seward）以每英亩[①] 2 美分的价格从沙俄手中买下阿拉斯加，被认为是一个错误，并且被称为“西沃德的蠢事”。在切斯特·卡尔森（Chester

① 1 英亩 =4 046.856 平方米。

Carlson）最终找到一家对他的复印机（今天以施乐复印机而知名）感兴趣的公司之前，5 年过去了，20 多家公司排斥了他的想法。所有这些案例以及成千上万类似案例的教益是，对新想法的负面反应是可以预见的。

人们通常排斥某些想法的理由值得记住，因为它们为预见未来的反对提供了基础：

- 这个主意不切实际。
- 这个主意花钱太多了。
- 这个想法是非法的。
- 这个想法不道德。
- 这个想法效率低下。
- 这个想法运作不起来。
- 这个想法会破坏现有程序。
- 这个想法无美感（丑陋或缺乏品味）。
- 这个想法挑战了公认信念。
- 这个想法是不公平的（它在没有任何证据基础的情况下偏袒争议的某一方）。

## 了解你想要说服的特殊听众

这一步的目的是确定你的听众对你的主题知道些什么、不知道什么，最重要的是，他们持有什么观点。他们的观点很可能由多种因素塑造，包括年龄、性别、教育背景、宗教、收入、种族、国籍、商业或专业联系。你几乎不可能了解某一听众的所有这些细节，但尽可能多地了解这些细节是值得的。更要紧的是，你应该考虑你的听众对该争议可能采取的各种各样的观点，并确定其中哪些是最可能的。以下问句组成了一个有用的清单：

**你的听众可能受到普遍误解的影响吗？**这个发问并不意味着你的听众是愚蠢的或未受过教育的。正如我们在第 1 章中所看到的，今天人们在自由意志、真理、知识、意见和道德等问题上有很多困惑。许多聪明和受过良好教育的人，都成了削弱他们创造能力和批判能力的那种思想和态度的牺牲品。在很多情况下，你的听众只有在你首先帮助他们超越其误解的情况下，才会欣赏你的洞见。

**你的听众的视角是否过于狭隘？**这个发问引导你去考虑你的听众如何倾向于“我的 - 是 - 更好的”思维、保全面子、抗拒改变、随大流、刻板化和自我欺骗，这些都可能干扰他们对你的观点的理解。这些倾向在过去曾经影响了你，它们影响你的方式也就是它们可能在某一特殊问题或争议上影响你的听众方式的线索。（你对自己偶尔的非理性行为越诚实，你对听众的非理性行为就越敏感。）

**你的听众是否可能忽视重要的因素？**我们在第 6 章中提到，大多数人在很小的时候就放弃了他们的好奇心，再也没有完全重获它。机会在于你自己对电子资料中第 6 章“应用”的体验，而其后的“应用”使你更加意识到发展好奇心的困难，即使你有意识地、持续地努力这样做。如果你的听众没有做出这样的努力，那么他们的观察可能是粗心大意的，因此他们可能会错过你所说或所写的那个争议的许多微妙之处。通过考虑什么是他们最有可能没有抓住的，你能确定什么是你需要更充分阐述的。

**你的听众对问题或争议的理解可能与你一样清晰吗？**我们已经看到，有多少人对问题到底是什么只有一个模糊概念就“闯进”一个问题。你已经明白了用多种方式表述问题或争议，然后选择最好、最有希望的表述方式。你的许多听众可能不是很明白。如果他们对此不明白，他们就不会意识到你的观点是最好的。假如你讨论对某个问题的各种观点，或者至少阐释你的观点及其相对于其他观点的优势，这可能有助于他们被说服。

**你的听众可能熟悉你在自己的调查中发现的事实吗？**人们很容易忘记，一旦你调查了一个问题或争议，尤其是复杂的问题或争议，你就比那些没有调查过的人有巨大的优势。他们对这些事实的无知，可能会阻碍其接受你的解决方案。了解他们可能不知道的事实和解释，你就是在识别在你的写作或言说中值得强调的事情。

**你的听众了解各种可能的解决方案吗？他们批判性地考虑过这些解决方案吗？**同样，你为问题或争议生成尽可能多的解决方案的努力，使你与大多数听众区别开来。让他们欣赏你的解决方案的健全性，最佳方法就是让他们意识到其他解决方案有缺陷。只要他们仍然相信一些较差的解决方案会产生预期效果，他们就不太可能对你的解决方案留下深刻印象。但是，如果你向他们表明，别的解决方案是如何没有用，它们的不完美和复杂之处太明显，难以克服，你就会帮助他们接受你的解决方案。

## 预见听众的反对意见

你预测别人的反应有双重目的。首先，你想要辨识别人可能对你的想法提出的有效反对意见，这样你就能修改你的想法并消除反对意见。其次，你想要识别无效反对意见，以便你在你的表述中回应它们。

在预见听众的反对意见时，有两种技巧特别有用：头脑风暴和想象式对话。

## 头脑风暴

这个技巧是对创造过程的第 3 个阶段——生成创意的一种适应。这里的目的是尽可能多地想到对你的解决方案可能的反对意见。下面是使用这个技巧的方法：回顾一下常见的负面反应清单，并用它来指导头脑风暴。换句话说，首先问问是否有人会觉得你的解决方案不切实际，然后列出你能想到的许多可能性；接下来，询问人们会觉得你的解决方案在哪些方面花钱太多，并列出那些可能的方面；以此类推，接着看看所有常见的反应。

这里要谨慎。当你使用头脑风暴技巧时，一定要抑制所有的判断，这样思想流就不会被打断。记住，长期的努力总会有回报：只有你清除了你头脑中明显和熟悉的想法，一些最有用的反应才会出现在你身上。当你完成了所有 10 种 ① 常见反应的头脑风暴后，你就能决定哪种可能性最有可能发生。你越了解你的听众，这就越容易。

## 想象式对话

顾名思义，这种技巧由想象你自己与反对你的解决方案的某

① 原著此处误为 11 种，据前文所列听众可能的负面反应清单改正为 10 种。——译者注

个人讨论该方案构成。为了达到最佳效果，设想一个具体的人，最好是你非常了解的人，他肯定会不同意你的观点。在使用这种技巧时，务必要把任何尴尬或难堪的感觉放在一边。如果你发现自己在想："别人会怎么看我这样自言自语？"请记住，没有人需要知道，你这样做不是出于强迫，而是作为一种深思熟虑的策略来帮助你思考。

这里有一个想象式对话技巧运作的例子。你会记得在第 2 章中，我们讨论了拉尔夫的案例，这位父亲与教练成为朋友，并利用这种友谊为他的儿子马克谋得了盖过其他球员的特殊优势。我们认为拉尔夫的行为是不道德的——尽管他的行为取得了一些好处（他儿子的技能发展），却造成了更多的伤害：他剥夺了其他球员发展自己篮球技能的机会，很可能会让那些球员变得愤愤不平，而且毫无疑问，这让马克相信，为了实现自己的目标而无视他人的权利和需求是可以接受的。

如果你要解决这个案例所提出的更大争议——父亲帮助儿子或女儿运动的行为，何时会从道德上可接受的行为变成道德上不可接受的行为——并试图通过为父母提供应遵循的指导方针来解决这个争议，你就会希望预见负面反应。如果你想用想象式对话技巧来帮助激发你的推测，还有什么人比拉尔夫本人更适合交谈呢？他肯定不会赞赏地看待你对他情况的处理。

你会如何在你的想象中进行此对话呢？首先，你要做出一个表述你的观点的断言。然后，你设身处地为他着想，进入他的心境，替他回答。接下来，你将表述第 2 个看法，设想一下他可能会给出的回应，然后继续进行第 3 个看法，依此类推。由此产生的对话可能是这样的：

你：拉尔夫，你的行为是不道德的。

作为拉尔夫的你：这太荒谬了。我只是在帮我儿子。

你：但是你和教练建立了那些友谊，这样你以后就可以利用他们了。这是不诚实的。

作为拉尔夫的你：你的意思是我没有权利选择朋友，如果我的儿子是运动员，我就必须避免和教练交朋友？

你：完全不是。因为你喜欢一个人而发展友谊与利用这个人为你儿子谋利益是有区别的。

作为拉尔夫的你：外面的世界很残酷。男孩出人头地需要有优势。

你：可是，你是以牺牲别人的利益为代价获得优势的。看看你对队里其他男孩做了什么。

作为拉尔夫的你：我不可能像关心我儿子那样关心他们。那不现实。

你：那倒是真的。但我们不是在谈论你是否关心。我们说的是你故意采取的伤害他们的具体行动。

作为拉尔夫的你：可他们并没有马克那样的兴趣和才能。

你：那不是你该评判的。那是教练要做的决定。此外，如果你对你儿子的才能如此肯定，你就没有必要为他争取不公平的优势了。他的天赋会给他带来他所需要的一切优势。

作为拉尔夫的你：我这么做是因为我爱我的儿子。帮助自己的亲骨肉是不道德的吗？

你：教你儿子，当涉及他的欲望时，正派和公平的规则并不适用，因为他很特别，他就可以做任何他想做的事，这是一种爱的行为吗？

这个对话显示了想象式对话这种方法对你思考的益处。如果想象式对话技巧使用得当，它不仅能揭示你可能从别人那里得到的负面反应，还能帮助你对肤浅或不知情的反应做出更好的反应。然而，在实际操作中，你不必在进行对话时详述自己的回答。只要能为推动对话、刺激“对方”做出回应而有适量的贡献就足够了。毕竟，对话中最重要的部分并不是你的观点，而是对方对它的思考和感受。你越能聚焦于对方的反应，你就越能获得进行有效表述所必需的洞察力。

你可以进行的想象式对话的数量是没有限制的。如果你的听众很复杂，你就有理由预期各种各样的反应，并考虑做很多的对话。

最后一点：在你习惯了想象式对话技巧并建立起运用它的信心之后，你会注意到对话通常会积聚足够的动力，不需要你有意识地指导。从某种意义上说，它会引导自己。当这种情况发生时，不要担心。这是一个好迹象，表明你已经充分发挥了你的想象力，并与你想象中的对手进行了智力交流。让对话继续，对话开发出来的东西通常是非常有用的。如果它开始偏离所涉及的重要问题，再把它转回来就是了。

## 以有利的方式表达你的想法

无疑，你已经注意到，在一对一的情况下，人们接触的方式经常影响他们的反应，有时是强烈的反应。例如，“你为什么表现得这么愚蠢？”所得到的反应与“哪里出错了？”所得到的反应极为不同。同样，一个礼貌的请求比一个粗鲁的要求更有实效，情感上的克制比疯狂的爆发能更顺利地被接受。同样的原则也适用于口头和书面的思想表述。下述指导方针将确保你的表述能让别人接受，而不是引来对你的想法的排斥。

### 尊重你的听众

每当在观点上，特别是有争议的观点上，有强烈的分歧时，表达恶意的可能性也会增加。一旦我们对某种观点有强烈的感觉，我们就很容易得出结论，认为那些不同意我们的人要么是愚蠢的，要么是邪恶的，或者两者兼而有之。这种态度不仅毒害了辩论，而且使说服变得困难或不可能。

由于人们不太可能被不尊重他们的人所说服，所以尊重你的听众不仅仅是礼貌或良好的竞技精神，还是一种心理上的需要。你可能倾向于相信，你不必真的尊重你的听众，你可以假装一下。但这是个错误。你自己的经历想必证明了尊重和不尊重是很难隐藏的。无论你如何设法掩饰它，你的举止或表情都会暴露出你的强烈感情。态度往往通过你说的话和你说话的方式表现出来。

为了使你自己感到尊重了那些不同意你的观点的人，你能做些什么呢？首先，你要记得区分想法与人。一个正派的、令人钦佩的人可能有一个愚蠢的想法，一个声名狼藉的人也可能有一个明智的想法。其次，在一个有争议争议的情形下，你可以提醒自己，不同意见更可能反映出该争议的复杂性，而不是那些与你持不同意见的人的缺点。

### 从听众熟悉的东西开始

第一印象可能不是非常可靠，但它们通常非常强烈，因此很难克服。如果你从听众不熟悉或反对的东西开始你的表述，那么他们会在你的整个表述过程中是警惕的或敌对的。在最好的情况下，你的表述也很难改变他们的反应。这就是为什么从他们熟悉的东西开始是有道理的，如果可能的话，他们会在这些熟悉的东西的基础上同意你的观点。这种方法使第一印象心理状态为你所用，而不是与你作对。

然而，从熟悉的开始并不意味着你应该不诚实，隐藏你的不同意见。你只是让你的听众为分歧点做好准备——帮助他们比其他情况下更客观地看待你的解决方案——而不是回避分歧。这种方法没有任何欺骗性，也不需要你制造一个共识点。如果你仔细观察，你通常就会找到至少几个重要的共识点，即使你的基本观点截然不同。作为最后的手段，如果你找不到任何你与你的听众可能都会同意的东西，你就可以从陈述争议的重要性开始，并指出它像所有有争议的争议一样，倾向于煽动情绪，而不是有助于辩论。

### 选择最合适的语气

语气的概念很微妙。语气可以被定义为一个表述所暗示的情绪或态度。因此，这与尊重听众的想法密切相关。在有说服力的写作和言说中，某些语气总是不合适的。例如，“现在好好听着”的语气就不仅仅是权威式的，更是变成了专制，暗示表述者在把自己的观点强加给听众。另一种不合适的语气是“只有傻瓜才会认为你这么做”的语气，以嘲弄和讽刺的评论为特征。还有一种不合适的语气是“你必须马上同意，因为没有时间了”。严重的问题和争议需要仔细考虑，冲动地做任何重大决定都是不负责任的。因此，要求你的听众立即做出决定，只会让他们怀疑你的动机。

他们会这样推理："如果作者（或言说者）真有确凿的理由，为什么他不愿意给我时间仔细检查和琢磨它呢？"

在说服性写作和言说中，最安全、最合适的语气是冷静、客观、礼貌的。这将反映出你保持平静的能力和对争议的掌控感，以及对你的听众的恰当看法。

## 突出支持你观点的证据

一些作者和言说者认为，说服的最重要因素是清晰有力地陈述自己的观点。他们错了。最重要的因素是他们的观点所凭依的证据。原因很简单。只有证据才能让听众判断一个观点是深刻的还是肤浅的，是明智的还是愚蠢的，是有效的还是无效的。陈述你的论点就是说出你所相信的，提供证据就是要证明你所说的值得别人认可。

你需要的证据的数量和种类取决于你所辩护的特定观点和你所进行的调查类型。在一种情况下，证据可能包括目击者证言和已发表或未发表的报告。在另一种情况下，它可能包括专家意见、实验、统计、问卷调查、观察研究、研究综述，以及你自己或你认识的人的经验。（关于这些问题的讨论，请参见第 8 章。）但可以肯定地说，对于每一个表述你判断或结论的句子，你应该至少有两到三个支持性句子。

除了最受限制、要求简短的表述，你应该考虑把你对争议调查的所有重要结果都包括在内。除了呈现这些结果，还要阐明它们的含义以及它们为什么重要。当数据包含你的经验和观察时，试着为你的听众再造这些经验和观察。让他们看到你所看到的，感受你所感受到的。如果他们从未有过类似的经验，那么这将是困难的，所以尽可能追求生动，并试图传达一种原始事件的即时性和戏剧性。此外，要使你的解释清晰且合情合理。

### 回答所有重大的反对

你也许会认为，如果你辨识了对你解决方案的任何有效反对，并修改解决方案以消除它们，你就已经做得足够了。这种观点不正确。即使无效的反对也可能充当障碍。因此，你必须直接且彻底地处理所有反对。要巧妙且流畅地这样做，不要提醒你的听众他们的一些看法是反对意见，也不要打断你表述的连贯性。

## 时机的重要性

准备有说服力的表述还有一个额外因素。确切地说，它并不是准备你的表述的指导方针。然而，它确实对你的表述的效力有很大影响。这个因素就是在表述的过程中掌握时机。许多时候，一个洞见仅仅因为在错误的时间提出而被打败。人们对思想的关注、兴趣和开放程度并不是一成不变的。它们有些时候比其他时候更大。评估听众的心理状态并不总是可能的，尤其是当听众人数众多、情况复杂时。然而，你应该知道说服别人的最有利条件，只要有可能，就把握好你的表述的时间。这些条件如下：

第一，听众应该认识到问题或争议的存在，并意识到它的重要性。一个有争议的争议应该出现在新闻中，或者至少最近出现过。如果你有理由相信听众没有意识到这个问题，就利用你的表述的第一部分去创造那种意识。

第二，听众应该相对自由地处理你的想法。也就是说，他们应该没有其他紧迫的问题分散他们的注意力。

第三，听众应该没有对竞争的解决方案有任何承诺。如果他们已经认可了另一个竞争的解决方案，他们就不太可能有兴趣考虑你对问题或争议的解决方案。在这种情况下，你最明智的做法是，在竞争的想法被证明不可行之前，避免进行表述。

# 第15章 有效地写作与演讲

当你在读一本写得很好的书或文章时，你是否曾经想过：“我希望我能像这位作家一样毫不费力地写作，让我的思想如此清晰、精确，一个想法自然而然地过渡到另一个想法？”你猜怎么着？即使是专业作家也很珍视他们的“删除”和“退格”键；他们需要这些键来消除第1个草稿（有时是第2个和第3个草稿）中所有的含混、歧义与不连贯。然而，这一点并没有成为常识，唯一的缘由是，我们看到的是成品，而不是生成它的过程，就像我们看到的是成品电影，而不是在剪辑室地板上结束的所有糟糕的“镜头”。创造这种不费吹灰之力的错觉，需要很大的努力。本章将向你展示，如何管理和指导写作与演讲中的这些努力。

在前面的所有章节中，我们都关注思想的生成和评估。这些思考过程常常被称为写作的预写阶段或演讲的准备阶段。在这一章中，我们将考虑如何有效地表达思想。本章的前半部分聚焦于写作，后半部分聚焦于演讲。

## 有效写作的特点

所有有效的写作，无论是在一本书、一篇文章还是一篇报告中，都展现出4个特征：统一、连贯、重点突出和展开（development）[①]。

**要达到统一，就要形成中心思想，并将其尽早陈述出来。**没有中心思想，你就没有使你的作文产生预期结果的基础。中心思想可以控制作文中包含什么、排除什么、从哪里开始、在哪里结束，以及怎样安排思想是最好的。假若它是为了提供这个指南，那么在你开始写作之前，你应该清楚中心思想。你一头扎进一篇作文，企盼一路走来在某个地方找到一个看法，接着半小时后，又挠头又皱眉，结果发现你无望地迷失了方向或者陷入了死胡同，这不是节省时间。永远不要假设你知道自己想说什么。用一两句清晰的话把中心思想写下来；若有必要，可以多改几次，以确保这是你想说的；当你写作的时候，可以回头参考它来调准方向。

**为了达到连贯性，选择一个可识别的组织模式并遵循它。**不成熟的作者有这样一个观念：整个世界都在屏息凝神地等待着听

① 一篇非常简短的书写作品，如一份备忘录，可能不需要展开。

取他们的看法。他们的态度是："如果读者理解不了我的意思，就让他们自己努力去理解吧；我的思想是值得付出努力的。"这种态度太天真了。读者对你的书面作品不流畅的反应，就像你在别人的文章中遇到不流畅时的反应一样。换句话说，他们会自己思考："这个人很糊涂；如果他不能说清楚他的意思，我就不会浪费宝贵的时间试着去弄明白它。"然后他们会把它扔到一边。

为了避免这种反应，使你的写作连贯，你必须确保你的思想的顺序是可感的。只要有可能，你还必须在转到下一个思想之前完成一个思想的叙述（这样你的读者就不必在思想之间多余地来回跳跃），并提供有用的连接词来标志从一个思想到另一个思想的重要转变。

**为了达到重点突出，给你的每一个思想应有的突出程度。**在某些情况下，一篇作文中的每个思想都具有与其他思想完全相同的重要性。但这种情况极为罕见。更常见的是，这些思想的重要性差别显著。要确定一篇作文中各个思想的相对重要性，就要考虑它们与你的中心思想的确切关系。它们在交流这个中心思想的过程中扮演的角色越大，它们就越重要。使用以下这些方法能更好地突出更重要的思想。

第一，给重要的思想分配更多的空间；也就是说，对它们要比对其他思想更详细地处理。

第二，只要有可能，把重要思想放在最突出的位置。结尾是最突出的位置，开头是次突出的位置。因此，如果你的作文主体有 4 个要点或论证的话，你应该把最重要之点放在最后，次重要的放在开头，其余的放在中间。

第三，偶尔重复关键词，或者使用呼应词（echo words）或附和词。后者并非重复关键词，但其意思相似，足以让人想起关键词。在一篇关于爱的作文中，像尊重、奉献和爱恋这样的词就是呼应词。不过，要注意：重复词和呼应词都必须谨慎使用，否则它们会让你的作文看起来有些夸张。

**为实现展开，详尽阐述重要思想。**并非每个思想都值得展开处理。为了遵守重点突出的原则，对于从读者那里得到你想要的回应所必需的展开，应当保持敏感，然后提供这种展开——例如，通过使用恰当的案例、描述、定义、说明等。当你的目的是说服你的读者时，你的许多思想可能需要大量的展开。

## 循序渐进写作法

### 计划

在这个阶段，你将创建一个在写作阶段要遵循的蓝图。当思想是粗糙的、简略的形式时，尝试不同的格式要比在句子和段落中充分展开时更容易。在处理大量复杂想法和许多不同视角的情况下，这是一个不小的问题。以下是你在计划作文时应该遵循的步骤：

第一，将你的思想汇总起来。在你完成了思想的生成和评估之后，把你将在表述中使用的材料加以汇总。此时不需要完整的句子，也不必关心整洁和正确。一个列举你的思想的清单或一页笔记就足够了。这个清单不是你文章的草稿，只不过是其材料的聚集，也就是说，是你的创造性思维和批判性思维的结果。

第二，选择安排。决定怎样安排你的思想让你的读者最容易跟随，也能最有效地说服他们。下面是在一篇有说服力的作文中，组织思想的最常见的方法。（长篇或复杂的作文通常使用两种或两种以上的此类组织模式。）

从结论到证据的顺序：首先表述结论，而后是支持结论的证据。这很容易理解，实际上是在说："这是我所相信的，我相信它的理由就在这里。"

从证据到结论的顺序：你一步一步地引导你的读者得出结论。当你在表述一个流行的、根深蒂固的观点时，这是首选的模式。

从因到果的顺序：在这种顺序中，首先讨论一种现象的原因，如大萧条，然后讨论其结果。（相反的顺序，即从果到因，也可以使用。）

以重要性为序：将支持性论证按照从最不重要到最重要的升序排列的方式加以表述。这种方法的一个变体是修改了的重要性顺序，其中第二重要的论证被首先表述，而最后表述最重要的论证。这样的安排是为了既给读者留下良好的第一印象，也留下很好的最终印象。

当你决定了如何安排你的思想时，相应地给它们编号，这样你在起草作文时就可以很容易地跟随。

第三，选择你的引言和结论。让读者为你的中心思想及其展开做好准备。你怎样才能做到最好呢？以下是介绍作文的一些有效方法：

问一个突出的问题，并讨论可能的回答。

讲一个简短的趣闻来说明你正在处理的问题或争议。

引用一位有名望的人的话，从此话中可以引出你的中心思想。

向争议的对立一方做一点让步；换言之，引用那些与你意见有分歧的人所承认的某一点，而你同意这一点，并用这一点来引出你的不同意见。

以下是一些得出作文之结论的有效方法：

提议一个与正文中所提出的论证相一致的行动。

详细阐述你在引言中提到的某事；换句话说，回答那里提出的一个疑问，或者评论一件趣闻或一个引证。

使用另一个强化你的中心思想或主论点的引证。

提出一个新趣闻，确保它能强化你的中心思想，但避免提出之前未涉及的争议。

陈述假若你的想法被实施将会产生的好处，或者，你的想法若不被实施可能会产生的有害后果。

简短且激动人心地陈述为什么你的听众应该支持你所提出的论证。

第四，注意哪些思想需要支持以及你将如何支持它们。仅凭对意见的陈述，不会说服有脑子的人，说服他们要靠支持这些意见的证据质量。如果你仔细且公正地考察了争议，你就会知道你的哪些陈述有待商榷，哪些证据是最相关和最令人信服的。（那些证据将指导你自己的判断。）核查你的每一个断言，并决定你有什么证据支持它；然后用以下一种或多种方式表述该断言：

- 表述事实细节，如统计资料。
- 描述某人或某事。
- 提供一篇文章或一本书的概要。
- 引用或转述某一权威人士的话。
- 追溯一段历史发展。
- 对一个真实的或假想的事件进行简短或详尽的叙述。

- 给出一个文义性定义（literal definition）或比喻性定义（figurative definition）。
- 详细说明一个过程或程序。
- 比较或对照，解释相似或差异。
- 分析原因或结果。
- 评估某人的论证，展示其优点或缺点。

## 起草

在这个阶段，你落实自己的写作计划，并生成一个粗略的草稿。一次坐下来完成整个草稿，尽量不被打扰。尽可能仔细地选择你的词汇，写出完整的句子，并把你的写作分成段落。但是，不要让自己陷入做这些事情的泥潭。如果一时想不出合适的词，就写一个相似的词。如果你不确定段落分得是否合适，就可以先做个临时决定。在写作阶段，永远不要停下来查找单词的意思或拼写，或者检查一些用法或语法规则。这些都是重要的任务，但适合它们的时间在以后。你越小心地遵循这个建议，你的写作就可能越流畅。

## 修改

在这个阶段，你的目的是把你的粗略草稿变成一篇经过润色的作文。首先批判地阅读你的粗略草稿，最好大声朗读，因为相较于自己看，听加上看更容易发现缺陷。向自己发问并在需要修改的地方做旁注。

要让我的中心思想更清晰，我还能怎样表达呢？

哪一部分（如果有的话）需要更完满的阐释才能对我的读者有意义？

我怎样才能提高我作文的连贯性？怎样重新排列我的句子和段落才能使我的思路更容易跟随？我应该在哪里添加过渡词（连接词）来表示从一个想法到另一个想法的移动？

我的哪一个想法，如果有的话，值得我多强调一下，哪些少强调？改变重点的最好方法是什么？

对于哪些想法（如果有的话），我没有提供足够的支持？哪些技术将最好地提供这种支持？

### 校订

你在这个阶段的目的是发现和纠正语法、用法、措辞、拼写、标点和分段方面的错误。检查拼写和语法的文字处理程序软件是有帮助的，但它们不能代替你的校订。为了达到最佳结果，不是一次而是多次校订你的作文；一次校订一般错误，然后对写作中经常出现的错误分项进行检查。如有必要，查字典和作文手册。写出你的最终草稿。

## 形成可读性强的风格

作为一个有文化的人，一个大学生，你读了很多书。你会遇到各种各样的行文风格，其中一些是如此笨拙和难以理解，以至于你希望自己从来没有阅读过，而另一些则让你欣喜，让你因作品这么快就到了结尾而感到遗憾。也许你已经得出结论，写作风格一定是遗传或禀赋的问题。这个想法可能有一定道理；毕竟，有些人似乎确实有言语表达的特殊才能，就像有些人有机械能力倾向（mechanical aptitude）一样。不过，写作本质上是一种习得的活动，所以习惯比遗传更重要。如果你通过试错或模仿而养成的习惯是坏习惯，你就会是一个糟糕的作者。如果这些都是好习惯，你就会成为一名优秀的作者。遵循以下指导方针可以帮助你养成更好的习惯：

第一，让你的写作听起来自然。许多写得不好的人说得相当好。事实上，有些人是活泼有趣的健谈者。如果你是这样的人，你可以通过使你的写作反映你的说话能力来提高你的写作。当然，这不是指所有说话的小缺点——嗯哼、啊哼、停顿和重复。它指的是你说话的节奏。要做到这一点，大声朗读你的粗略草稿，并记下听起来不自然的段落。修改它们，让你觉得大声把它们说出来很舒服。

第二，力求简洁。简洁的想法似乎与写较长的文章和展开你的思想不一致，但这根本不矛盾。一篇文章由于有很多不必要的话语，或者充斥着各种想法，它可能会很长。但你可以充分展开你的思考，同时让你的写作成为简洁的典范。用尽可能少的话语表达你想表达的意思与创造你想要的理解效果相一致。

第三，用简单的语言表达你的思想。这并不意味着要避免大词（big words），即人们不熟悉或不经常用的词，只是避免那些不必要的“大词”。乔治·奥威尔（George Orwell）说得好：“凡是可以用短词的地方决不用长词。”

第四，在你的句子中加入一些变化。言说者最无聊的品质是什么？大多数人会说，说话单调。单调是使用一种单一的、不变的声调。单调这个词来源于一个希腊词 monotonous。单调是毫无变化的。在写作中，单调对应的是，句子开头方式相同、结构相同、长度相同。它们是完全可预料到的；这就是为什么它们会让读者昏昏欲睡。为了让你的写作不再单调，你可以用不同的方式开始你的句子、改变它们的结构、在一串较长的句子中偶尔加入一个短句（反之亦然）。

第五，多转述，少引用。引用是有价值的，但如果太频繁使用，就会把注意力从你的风格转移到别人的风格上。无论何时，只要有可能在不会影响这个思想的情况下进行转述（用你的话表达另一个作者的思想），就这样做。当然，你必须对转述和引用的思想给予同样的信任——也就是说，在你的句子中非正式地提到这个人，或者加上正式的脚注。

第六，写得生动有趣。清除你写作中乏味、机械的表达。设法丰富多彩、富有想象力地表达你的思想。当你这样做时，你的写作就会焕发出新的活力。这里有两个生动的、富有想象力的表达的简短例子：

- 你从美国历史书中了解到，朝圣者登陆新大陆时，发现了一片已经被占领的土地。你如何找到别人拥有的东西并声称是你发现的呢？我们在谈论街头犯罪！这就像我和我的妻子走在街上看到你和你的妻子坐在你的新车里。假设我的妻子对我说："嘿，我想要一辆那样的车。"我回答说："让我们去找它。"所以我走过去对你和你的妻子说："从这辆车里出来。我和我的妻子刚刚发现了它。"你自然会感到震惊，这让你知道印第安人的感受。
- 只有无判断力、多愁善感和相当奴性的人才会受到广告的影响。那些头脑精明冷静、幽默、思想独立的人会领会一个相当简单的笑话，不会被这种或任何形式的自卖自夸所打动。如果你对石器时代的人说"Ugg[①]说Ugg做的石斧最好"，他会觉得在此证言中缺乏超然和无私。如果你对一个中世纪的农民说，"制弓匠罗伯特吹了3次号角，宣布他造的弓很好"，这个农民会说，"嗯，他当然造得好"，然后思考更重要的事情。只有那些头脑被蛊惑的人，才会尝试像广告这样明显的诡计。

## 作文的范例

下面的分析性文章说明了如何遵循本章所阐述的写作原则。这篇作文是对当代电影中暴力争议的回应。具体来说，它回答了这样一个疑问："对最近电影中暴力场面的生动描绘的趋势，最合理的反应是什么？"

**电影暴力会让我们恶心作呕**

我看了半小时DVD就不看了。要么不看，要么呕吐。那部电影是《美国狼人在伦敦》。在早先的场景中，一只狼袭击了两个年轻人，咬死了一个，严重咬伤了另一个。然后，幸存者在医院康复期间，梦见自己裸体穿过森林，发现了一只鹿，他像狼一样扑向它，把它吃掉了。

很快又有两个噩梦接踵而至。在其中一个噩梦中，幸存者的家人被面目狰狞的怪物残忍地袭击和杀害。在另一个噩梦中，他的护士也遭到了类似的袭击。不久，这个年轻人死

① 美国一家高档羊毛靴品牌。——译者注

去的朋友去医院探望他，警告他会变成狼人。镜头停留在死者残缺不全、令人厌恶的脸上。

在这些场景中，没有任何血腥的细节留给想象。然而，不知何故，许多人觉得这种视觉上的冲击很有趣。推荐这部电影的朋友告诉我，它“真好笑”。我查了电影上映时评论家是怎么说的。像我的朋友一样，一些评论家轻松地看待它。例如，《新闻周刊》的评论家给他的评论取了“酷的食尸鬼”这样的标题，并称这部电影是“近乎完美的智者电影的样本”，在这部电影中，男主角变成了狼人，“在血腥的高潮之前他咀嚼了半个皮卡迪利大街”。这种批判性反应，反映了一种对近年来变得更加流行的电影暴力的漫不经心的态度。这种态度建立在四种被广泛接受的、均有缺陷的观念之上。

第一种观念是，任何时候观众被逗笑，效果都是有益健康的。这是无稽之谈。嘲笑某人在愚弄自己或嘲笑有讽刺意味的发展，与嘲笑某人被强奸或被撕成碎片是有很大区别的。有些事情——比如智力迟钝、身体残疾和绝症——一点也不好笑。

第二种观念是，电影不会影响我们的态度和价值。这种观点忽视了心理学最明显的发现。心理学家告诉我们，大多数人并不是生来敏感或不敏感、善良或残忍。相反，他们的经历，包括他们在具有传奇色彩的电影屏幕上的亲身经历，以这样或那样的方式塑造了他们。

芝加哥影评人罗杰·艾伯特（Roger Ebert）报告说，他在两个不同的场合观看另一部电影，有两位观众在看到一名妇女被殴打、强奸和肢解的场景时都笑了。他旁边一个看起来很体面的男人不停地喃喃自语:“这会给她一个教训。给她吧。”艾伯特觉得这种反应很可怕。我们也都应该如此。但我们不应该对此感到惊讶。就像任何强烈的情感体验一样,观看电影具有让我们变得像野兽一样的能力,让我们在人性要求我们感到厌恶的地方却感到快乐。

第三种流行的观点是,电影不会影响人们的行为。这个想法在最好的情况下也是有问题的。想想马萨诸塞州布罗克顿一个24岁的男子,他认为自己是吸血鬼,杀死了他的祖母并喝了她的血。或者,辛辛那提出版商的案例,他们销售恨猫者的日历,上面有猫被吊死和用锡纸包着的猫在烤架上的彩色照片。没有哪部电影应该为煽动这些行为负责,但恐怖电影所产生的暴力氛围肯定促进了这些行为,至少通过刺激人们的想象力促进这些行为。

最后,人们普遍认为,民主的理念禁止对艺术表达有任何限制,包括对电影制作人的限制。哪怕是批准最一般的指导方针,都被认为是对美国宪法的攻击。这种信念太极端了,不合理。个人权利不应凌驾于公共权利之上。例如,不应该允许任何人毒害我们呼吸的空气。电影制作人也没有权利毒害社会风气。

这并不是说电影业应该被禁止探索现实中令人不愉快的一面。相反,不应该向电影人禁止任何题材,因为任何题材本身都没有好坏之分。造成差别的是如何处理题材。在一个真正的艺术家手中,即使是最难以形容的暴力也能被不伤害人地处理。阿尔弗雷德·希区柯克(Alfred Hitchcock)的

《惊魂记》制造了无与伦比的悬念，而刀一次都没有触碰到镜头中的受害者。

我们没有充分理由赞成我们近年来所遭受的电影暴力的种类和数量，但有令人信服的理由拒绝它。在美国，从小社区到大城市，犯罪和暴力每天都威胁着数百万人。如果我们要战胜这种威胁，我们就必须保持对它感到义愤的能力。但是，每当我们抑制厌恶，在电影或电视屏幕上观看一连串的暴力行为时，恰恰是这种能力减退了。

## 有效演讲的挑战

在本章中，我们所关注的演讲是正式的演讲——把你的想法呈现给听众，而不是参与讨论。有效的演讲与有效的写作具有相同的特征——统一、连贯、重点突出和展开——然而，演讲带来了写作所没有的特殊挑战。莫蒂默·阿德勒观察到，作家就像画家和雕塑家一样，可以在创作的时候改变他们的作品。另外，演讲者就像演员、音乐家或舞者一样，永远不能改变某一特定表演，因为观众看到或听到的就是它被呈现的那个样子。演讲者所能做的就是在下次演讲时做出改进。

阿德勒还指出，与书面语不同，口头语缺乏持久性。一旦说出口它就消失了。这样，听众就不能像读书面语那样停下来思考口头语了。当然，录音机使人们能够再次听到演讲，甚至允许倒带和重放。但这些动作比停下来思考一页文字更笨拙，也更不自然。

因此，演讲者不仅要关注准备演讲，而且要关注发表演讲。

## 演讲的类型

正式演讲分为以下几类：背诵式演讲（在无笔记的情况下发表演讲）、持稿演讲（一字不差地朗读）、即席演讲（根据笔记发表演讲）和即兴演讲（无准备、完全自发的演讲）。即兴演讲是最难的，因为它最容易散漫和语无伦次。背诵式演讲可能很有效，但假如你忘记或丧失了思想的顺序，你就会陷入尴尬的沉默中。有经验的演讲者通常能够热情且生动地阅读演讲稿，而不会牺牲眼神交流；另外，业余爱好者几乎总是盯着稿子，说话单调，使听众感到厌烦。对于大多数演讲者，特别是无经验者来说，最好的选择是即席演讲。它提供了笔记的保证，又不会让演讲者受到完整写出句子的诱惑。

## 组织你的材料

一篇正式演讲有 3 个部分：引言、正文和结论。

引言。一个成功的引言既能集中听众的注意力，又能引起他们对你将要讲的内容的兴趣。做到这一点的有效技巧包括：做一个让人惊奇的陈述，发出一个疑问，讲述一件趣闻，背诵一段引文。（如果你的引言与中心思想的关联并非显而易见，就解释一下。）让你的引言适当简短，一般不要超过整个演讲时长的 10% 或 15%。

正文。演讲的主体部分包括对你的中心思想的陈述和支持。除非你有好理由把你的中心思想留到演讲的后面，否则在引言之后立即陈述它，然后摆出你的证据。你的目标是让听众记住你的要点，并理解它们是如何支持你的中心思想的。当然，听比读更难；即使是短暂的注意力分散也会导致信息丢失，因为听演讲不像在阅读时可以回头看。（谨记：如果听众跟不上了，他们通常就会责怪你而不是他们自己。）因此，你需要限制你的要点。常规情况下是 3 到 5 个要点，超过 5 个则很少有效。

此外，使用清晰且直截了当的组织模式。例如，当你的证据由一系列事件组成时，使用时间顺序；对于一系列理由，使用重要性顺序；在解释某一现象是如何发生的时候，使用从因到果的顺序。不要犯推理错误："我的论证很复杂，所以听众必须努力去掌握它。"论证越复杂，演讲者就越应该努力清晰地表述它。

下面是 3 种行之有效的方法，可以让你的演讲更容易被听众接受。

第一，尽可能使用明显且清晰的视觉辅助工具（图、表、幻灯片或视频），确保它们加强而不是代替你的演讲，确保你在讲述时与听众保持目光接触，并让听众有足够的时间吸收每一个视觉辅助工具所传达的信息，然后再把它们放在一边。

第二，使用信号词和短语来帮助你的听众在你演讲的各个部分之间建立联系，例如，"一个理由是……""第二个理由是……"等。

第三，在结论之前概述你的要点。

结论。在一个说服性演讲中，一个有效的结论能强调中心思想，并加强听众对理解或行动的诉求。得出演讲结论的最有效方法包括：

第一，建议一个与演讲中表述的论证相一致的行动。

第二，详细阐述你在引言中提到的某事；换句话说，回答那里发出的疑问，或者评论一件趣闻或一段引文。

第三，表述一个新的趣闻，确保它能强化你的中心思想，但避免提出你的演讲中未曾涉及的争议。

第四，使用另一段引文。

第五，陈述你的想法如被实施将会产生的好处，或者，你的想法不被实施将会产生的有害后果。

第六，简短且激动人心地陈述为什么听众应该支持你所提出的论证。

## 提纲和演讲稿的范例

如果你细心计划你的演讲、使用提纲，你就会讲得更自信、更有效。以下是演讲提纲和讲稿的样本：

**提　纲**

| | |
|---|---|
| 引言 | 当你的孩子看一个 15 秒的电视广告时，他们可能会被迫转移注意力多达 50 次。 |
| 正文 | — |
| 中心思想 | 为了我们的孩子和我们国家的未来，广告的设计和形式必须被规范。 |
| 第 1 个要点 | 注意力持续时间是所有学习必不可少的因素。 |
| 第 2 个要点 | 充足的注意力持续时间是成年人日常生活中的一笔财富。 |
| 第 3 个要点 | 高度集中的注意力在大多数职业中是必不可少的。 |
| 第 4 个要点 | 解决方案是减少广告导致的注意力转移次数，并在每个节目结束时集中播放广告。 |
| 第 5 个要点 | 商业领袖应该主动实施这个解决方案。 |
| 概要 | 总之，如果孩子要面对学习、日常生活和事业上的挑战…… |
| 结论 | 家长和老师能够也应该在教育孩子方面做得更好，但只要……存在，就很难指望他们能有效地做到这一点。 |

## 演 讲

当你的孩子看一个15秒的电视商业广告时，他们可能会被迫转移注意力多达50次。摄影机将迅速从一个场景或角度切换到另一个，通过增加图像和加快变化的速度来人为地制造兴奋。由于每个观看小时有11分钟的商业广告，假如孩子一天看3小时电视，他们的注意力可能会转移6000多次。孩子很难集中精力学习，这不足为奇。

为了我们的孩子和我们国家的未来，广告的设计和形式必须被规范。对于监管，没有什么激进或史无前例之处。联邦通信委员会一直有权制定标准。在电视早期岁月中，一个商业广告的标准长度是整整1分钟。在接下来的几十年里，上述委员会首先批准了30秒的广告，然后是15秒的广告。与此同时，广告商正在制造越来越多的注意力转移。为什么现在需要更严格的监管？因为注意力持续时间短在生活的每一个领域都是一个严重的障碍。

首先，注意力持续时间是所有学习必不可少的因素。小学生越专心，就越喜欢听苏斯博士朗读书（*Dr. Seuss's books read*），也就越快地掌握读、写、算的基本知识。孩子的注意力持续时间越长，就越擅长阅读复杂的材料，努力解决困难的概念，坚持调查和分析，并与他人进行深思熟虑的对话。

其次，在成年人的日常生活中，充足的注意力持续时间是一笔财富。如果没有沟通技巧，良好的人际关系是不可能存在的。这意味着不仅要表达自己的想法，还要仔细倾听他人所说的话，并解读他们的非语言线索。这意味着不仅在精神感动我们的时候，而且在情况需要时，我们要善于观察和反思。简言之，它意味着锻炼足够的自控力，即使在分心的情况下也能保持专注。从来没有学会一次集中注意力超过几分钟的人，永远无法与朋友和家人进行有意义的讨论，因此永远无法解决将他们分裂开的难题，也无法巩固团结他们的纽带。

再次，在大多数职业中，高度集中的注意力必不可少。任何有回报的工作都对一个人的聪明才智提出了挑战，这些挑战无法立即解决，需要长时间专注于小且乏味的细节。在这种情况下，胜任工作和事业有成都取决于艰苦的努力。律师仔细研究案情摘要，会计师仔细研究税务数据，医生专注于复杂的手术过程，有时要花上几个小时。那些被万花筒似的商业广告塑造了思考习惯的人，即使可以胜任工作，也注定是碌碌无为的。他们的缺点剥夺了所有依赖它们的人的发展机会。

解决这个问题的方法是减少商业广告导致的的注意力转移次数，并在每个节目结束时集中播放广告。联邦通信委员会已经禁止了潜意识信息——那类在屏幕上出现的时间太短以至于观众没有意识到它们的信息。它应该扩展这一规定，限制每个商业广告的场景或镜头角度的变化次数，也许可以恢复到最初的 1 分钟商业广告。此外，该委员会应该像许多欧洲国家那样做，通过将所有商业广告移到一小时或半小时节目的末尾，来消除节目中的割裂感。

商业领袖应该主动实施这个解决方案，因为只有他们才有这样做的必要权力和影响力。广告业通常被认为对电视上播放的商业广告负责。然而，商业广告的最终批准取决于为其付费的企业。如果企业高管说“这是我们的新指导方针——请遵循它们”，广告商就会照办。企业完全有理由发出这样的指令。员工的注意力持续时间会影响他们的业务，国民的注意力持续时间影响着国家的实力。

总而言之，如果孩子要面对学习、日常生活和事业上的挑战，就必须防止电视商业广告影响他们的注意力。

许多商业领袖和媒体代表批评父母和老师未能教育孩子。在某些情况下，该批评也许有道理，但批评者不能忽视他们自己的责任，即培养孩子足够的注意力持续时间。

如果前述演讲是即兴发表的，演讲者就不会把全文带到讲台上，而只会带上包含关键词或短语的笔记卡，全文每一段可能只用一两个关键词或短语标记。

## 演讲实操

当你听到一个有成就的公众演讲者做正式演讲时，你可能会对其易懂的自然讲述印象深刻，羡慕他能选择准确的词语来表达思想，并拥有将思想清晰且合乎逻辑地联系起来的能力。可是，在大多数情况下，看似轻松的行为其实是努力的结果。就像有效写作一样，有效演讲的发生也不太凭运气，而是靠用功。这意味着你要一遍又一遍地排练，直到你的演讲完美无瑕。在排练和发表演讲时，请记住以下几点：

第一，从你站起来走向讲台的那一刻起直到你回到座位上，你的听众会形成对你的印象。走（站）直；手势自由且自然，但不要胡乱挥舞或分散听众的注意力。

第二，人们往往不信任那些不看着他们眼睛讲话的人。当你看向你的听众时，直视他们的眼睛，而不是后墙或天花板。为了确保每个人都有你在与他说话的印象，把你的目光从房间一边到另一边，从前面到后面，进行转移，每次移动后停顿一到两秒钟。假若你低头看笔记，就快速瞄一眼，然后迅速与听众重新建立眼神交流。

第三，务必大声说话，以便房间里的每个人都能听到。发音要清晰。保持你的语气温暖和友好，不要害怕微笑。如果你发现自己有任何不好的发音习惯，比如吐字不清，或者在说句子末尾时变成了轻声细语，要特别努力避免这些习惯。

第四，谨记，几乎人人，即使是很有成就的专业人士，都会在公共场合讲话时紧张。克服紧张的最好方法是忘掉自己，转而考虑你要说的话的重要性，以及听众对你成功的愿望。（没有听众希望演讲者用糟糕的演讲来惩罚他们。他们希望演讲者干得漂亮。）与其试图让自己冷静下来，不如让自己充满热情和活力。

# 致谢

ACKNOWLEDGMENTS

首先，我要感谢所有人——思考的倡导者、研究者和冒险者——他们努力推动了一门几十年来一直不时髦的学科的知识事业向前发展。没有他们的贡献，这本书永远不会写成。我还要感谢下面这些教授，他们为这一版和前几版提出了建设性批评和有益的建议：Brian Barbour，吉尔福德技术社区学院；Larry Beason，南阿拉巴马大学；Michael Berberich，加尔维斯顿学院；Liz Burke，约翰肯尼迪大学；Michael Cosgrove，库克大学；Kathryn Cowan，卡布利洛学院；Adam Brooke Davis，杜鲁门州立大学；Bart Demeter，ITT 技术学院；Jeffrey Easlick，萨吉诺谷州立大学；Maureen Girard，蒙特雷半岛学院；Cory Goethring，华纳大学；Lynne R. Graft，萨吉诺谷州立大学；Jezreel Kang-Graham，南犹他大学；Julia Keefer，纽约大学；Philip M.Keith，圣克劳德州立大学；Constance Kent，红杉学院；Alice M. Kracke，杜兰大学；Melinda Kreth，中密歇根大学；Nicole Lyons，ITT 技术学院；Joel Maatman，兰辛社区学院；Jane Maulfair，松冠学院；Catherine McCartney，伯米吉州立大学；Donald McDonough，中康涅狄格州立大学；James Michael Mullins，得克萨斯大学埃尔帕索分校；Liz

Noblis，兰辛社区学院；John Pappas，圣华金三角洲学院；Joanna N. Paull，莱克兰社区学院；Jody Pierce，林肯技术学院；Thomas Riddle，吉尔福德技术社区学院；Steve Ryan，ITT 技术学院；Jessie Stams，斯蒂芬奥斯汀州立大学；Elizabeth Sawin，西密苏里州立大学；Dahlia Schweitzer，时尚设计商业学院；Sandra Snow，中密歇根大学；Charles Stone，德保罗大学；Leila E. Wells，路易斯维尔大学；Amanda Yates，ITT 技术学院。